低温选择性催化还原 NO_x 技术及反应机理

唐晓龙　著

北　京
冶　金　工　业　出　版　社
2008

内容简介

本书共6章:第1章氮氧化物净化技术;第2章实验系统与实验方法;第3章负载型金属氧化物催化剂;第4章非负载型金属氧化物催化剂;第5章无定形 MnO_x 催化剂上原位DRIFTS分析;第6章结论与建议。

本书可供环境工程以及相关专业的科研人员、大专院校师生等参考阅读。

图书在版编目(CIP)数据

低温选择性催化还原 NO_x 技术及反应机理/唐晓龙著.
—北京:冶金工业出版社,2007.3(2008.1重印)
ISBN 978-7-5024-4221-7

Ⅰ.低… Ⅱ.唐… Ⅲ.氮化合物:氧化物-催化-还原反应 Ⅳ.0613.61

中国版本图书馆CIP数据核字(2007)第020671号

出版人 曹胜利
地　址 北京北河沿大街嵩祝院北巷39号,邮编100009
电　话 (010)64027926 电子信箱 postmaster@cnmip.com.cn
责任编辑 杨盈园 美术编辑 李 心 版式设计 张 青
责任校对 杨 力 李文彦 责任印制 牛晓波
ISBN 978-7-5024-4221-7
北京百善印刷厂印刷;冶金工业出版社发行;各地新华书店经销
2007年3月第1版,2008年1月第2次印刷
850mm×1168mm 1/32;6.625印张;175千字;201页;1501-4500册
20.00元

冶金工业出版社发行部 电话:(010)64044283 传真:(010)64027893
冶金书店 地址:北京东四西大街46号(100711) 电话:(010)65289081
(本书如有印装质量问题,本社发行部负责退换)

前　言

随着现代工业的迅速发展以及化石燃料的大量使用，环境空气中氮氧化物污染问题日益突出，严重影响着人类的可持续发展进程。如何对其进行有效的净化控制成为各国政府和广大环境保护工作者共同面临的重大问题。本书对固定源尾气中氮氧化物净化技术进行了分类介绍和对比，包括吸附法、吸收法、催化分解法、催化还原法等，其中选择性催化还原(Selective Catalytic Reduction, SCR)技术因其转化率高、选择性好、实用性强等特点而备受青睐，现已成为烟气脱硝的主流技术。

本书对SCR专项研究技术进行了详细介绍。研究中模拟固定源尾气排放特征，研制低温条件下氨选择性催化还原 NO_x 催化剂，开展了相关的催化剂技术和反应机理研究。研究工作围绕负载型 MnO_x 和非负载型 MnO_x 两大类催化剂展开，系统考察了各种催化剂对该反应的催化活性以及各影响因素；借助 N_2 吸附、X射线衍射(XRD)、X射线光电子能谱(XPS)、热重(TG)、透射电镜(TEM)、扫描电镜(SEM)、NO_x 程序升温脱附(NO_x-TPD)等技术手段对催化剂进行表征。此外，还利用先进的原位红外(In situ DRIFTS)技术，进一步分析催化反应的微观途径，结合活性评价及表征数据，探讨了选择性催化还原 NO_x 的反应机理。

目　录

1 氮氧化物净化技术

1.1 概述

1.1.1 技术背景

氮氧化物种类很多,造成大气污染的主要是一氧化氮(NO)和二氧化氮(NO_2),因此通常将二者统称为 NO_x。大气中的 NO_x 主要来自于移动源(机动车)和固定源(主要为火力发电厂、工业燃烧装置)两个方面,全球 95%的 NO_x 来源于机动车排放(49%)和电厂排放(46%)。随着能源消费的增长和机动车保有量的迅猛增加,大量化石燃料消耗后所排放到大气中的二氧化硫(SO_2)和氮氧化物(NO_x)等致酸物质越来越多,大气环境污染程度不断加重。氮氧化物污染不仅是造成酸雨的原因之一,也是形成近地层大气臭氧污染、二次微细颗粒污染和地表水富营养化的前提物,由此引起的问题已经与臭氧层破坏、全球气候变化一起成为最为突出的大气环境热点问题。因此,世界各国都先后制定了严格而具体的氮氧化物排放法规。

目前,随着 SO_2 排放控制技术与措施的实施和推广,中国 SO_2 排放增长的趋势将逐步得到控制。然而,我国 NO_x 排放量却在快速增加,未来 30 年内,我国将成为世界上最大的 NO_x 排放国:1996 年我国 NO_x 排放总量为 12.03 Mt,1997 年后略有下降;2000 年排放总量为 11.12 Mt,其中固定源占 60.8%,移动源占 39.2%。随着近年来我国机动车保有量的迅速增加,固定源排放的比例已有所下降,但燃煤固定源仍是主要的 NO_x 排放来源,其排放量占燃料型 NO_x 排放量的 72.3%左右。我国中长期能源消费需求预测,如图 1-1 所示,2005 年全国原煤消费量占所有能源消费量的 63.2%,预计 5 年后该比例减少至 61%,而到 2020 年时原煤消费需求量将下降至54%。由此可见,不仅当前我国的能源消费结构是以原煤为主,而且在相当长的时期内,原煤消费仍是我国的主要能源消费类型。

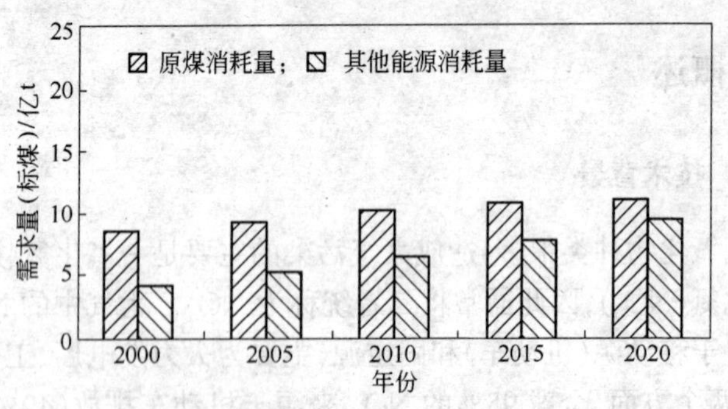

图1-1 我国中长期能源消费需求预测

环境空气中NO_x/SO_2比例的改变不仅将使NO_x对我国酸沉降的相对贡献不断增加,进而会在特定条件下,产生二次光化学污染,使空气中的强氧化剂O_3的含量增加,并在空气中形成大量二次细微颗粒物,给公众健康及生态环境造成严重危害。正是由于NO_x排放对环境影响的复杂性,使得NO_x的排放控制技术一直是发达国家的关注重点。我国NO_x排放法规的已经出台,加强NO_x控制新技术和新原理的科学研究,开发出适合中国国情并拥有自主知识产权的脱硝技术变得越来越迫切。

1.1.2 氮氧化物的形成

各种燃料燃烧过程中产生的NO_x主要是NO,约占90%~95%左右,NO_2占5%~10%,N_2O仅占1%左右。从化学生成机理来看,燃烧过程产生NO_x有三种途径:热力型NO_x(Thermal-NO_x)、燃料型NO_x(Fuel-NO_x)和瞬时型NO_x(Prompt-NO_x)。

1.1.2.1 热力型NO_x

燃料燃烧时空气中的N_2和O_2在高温下生成的,其化学生成机理可以由前苏联科学家 Zeldvich 于 1964 年提出的不分支自由链式反应机理来表示：

$$N_2 + O \longrightarrow NO + N \tag{1-1}$$

$$N + O_2 \longrightarrow NO + O \tag{1-2}$$

热力型 NO_x 的生成速率与反应温度有很强的相关性，温度是控制热力型 NO_x 形成的主要控制因素，当燃烧温度低于 1500℃时，热力型 NO_x 生成量极少，当燃烧温度高于 1500℃时，热力型 NO_x 生成量明显增大。此外，燃烧设备的过剩空气系数和烟气的停留时间对 NO_x 的生成也有很大影响。

1.1.2.2 燃料型 NO_x

是由化学结合在燃料中的杂环氮化物热分解并进而于 O_2 结合生成的，其生成机理非常复杂。对于燃煤而言，燃料型 NO_x 的生成和破坏不仅与煤种特性、燃料结构、燃料中的 N 受热分解后在挥发分和焦炭中的比例、成分和分布有关，而且大量的反应过程还和燃烧条件，如温度、氧浓度等密切相关。

常规燃料中，除天然气基本上不含氮化物外，其他燃料或多或少地含有氮化物，其中石油的平均含氮量为 0.65%，煤的含氮量为 0.5%～2.5%左右。燃料燃烧时生成的含氮挥发性物质如 HCN、CN、NH_3 等燃烧中间产物与氧结合生成 NO_x。一般而言，燃料中大约有 20%～80%的氮转化为 NO_x，其中 NO 又占 90%～95%。研究表明，当燃料中的 N 含量超过重量的 0.1%时，燃料型 NO_x 排放将是主要的。煤燃烧时，75%～90%的 NO_x 来自燃料型 NO_x，燃料的 N 含量增加时，虽然生成的 NO_x 含量增加，但 NO_x 的转化率却减少；煤的燃料比 FC/V 越高，NO_x 的转化率越低。几乎所有的试验都表明，过剩空气系数越高，NO_x 的生成浓度与转化率也越高。

1.1.2.3 瞬时型 NO_x(Prompt-NO_x)

瞬时型 NO_x 是 1971 年由费尼莫尔(Fenimore)通过实验发现的。瞬时型 NO_x 对温度的依赖性很弱。通常，对不含 N 的碳氢燃料在较低的温度燃烧时，才重点考虑瞬时型 NO_x。对燃煤设备而言，瞬时型 NO_x 与前两种相比，其生成量要小得多，一般在总 NO_x 生成量的 5% 以下。

由 NO_x 的生成机理可知，影响燃烧过程中 NO_x 生成的基本因素主要包括：燃料中的 N 含量、火焰峰值温度、高温区内的氧浓度以及烟气在高温燃烧区的停留时间等。但是，热力型、燃料型和瞬时型三种不同类型的 NO_x 的生成机理各不相同，主要表现在 N 的来源不同、生成途径不同和生成的条件不同。因此，控制 NO_x 的生成应根据不同的燃料及燃烧方式，针对主导型 NO_x 的生成机制，选择能够抑制或破坏 NO_x 生成的条件。对燃煤设备而言，三种类型的 NO_x 生成量所占比例相差悬殊。快速型 NO_x 所占比例不足 5%；在燃烧温度低于 1350℃ 时几乎没有热力型 NO_x 生成，只有当燃烧温度超过 1600℃，如液态排渣煤粉炉，热力型 NO_x 才可能占到 25%～30%。而对常规燃煤设备，NO_x 主要通过燃料型 NO_x 的生成途径产生。因此，控制和减少燃煤时产生的 NO_x 主要应控制燃料型 NO_x 的生成。对燃气燃烧装置，由于气体燃料 N 含量非常低，高温下的热力型 NO_x 是主要的，因此主要通过控制火焰温度峰值来达到削减 NO_x 排放的目的。

对不同类型的燃煤设备，由于燃烧条件不同，因而其 NO_x 的原始排放值也大不相同。液态排渣煤粉炉由于燃烧温度高，除了燃料型 NO_x，还生成大量热力型 NO_x，因此液态排渣煤粉炉的 NO_x 原始排放值在所有燃煤设备中最高；固态排渣煤粉炉由于燃烧温度较低，燃烧过程中生成的主要是燃料型 NO_x，因此其 NO_x 原始排放值比液态排渣煤粉炉低得多。即使同样是固态排渣煤粉炉，当燃烧器在炉膛上布置方式不同，形成不同的燃烧方式时，由于具体的燃烧条件不同，其 NO_x 的排放值也存在很大差异。

由 NO_x 的生成机理可知，燃料特性、燃烧设备类型以及燃烧条件等均对燃烧过程中 NO_x 生成量有显著的影响。因此，与粉尘和 SO_2 相比，NO_x 的排放控制要复杂得多。

1.1.3 中国 NO_x 排放历史及现状

图 1-2 所示为 1990~2003 年中国 NO_x 排放总量变化情况，而图 1-3 给出了 1990~2003 年中国国内生产总值(GDP)和能源消费总量的变化发展情况。可见，自 1990 年以来，随着中国国民经济的持续快速增长和能源消费量的增加，中国 NO_x 排放总量总体上呈现较快增长的势头。到 2003 年，全国 NO_x 排放总量达到约 1613 万 t。

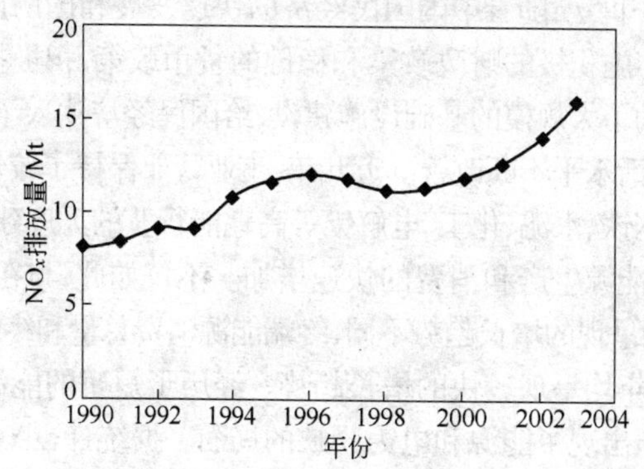

图 1-2　1990~2003 年中国 NO_x 排放总量变化情况

图 1-3　1990~2003 年中国国内生产总值(GDP)和能源消费总量的变化发展情况

由上述图表分析可以看出，中国 NO_x 排放量的增长速度高于能源消费增长速度的主要原因是由于中国能源消费的部门及燃料构成变化和不同燃烧设备 NO_x 排放水平的差别造成的。例如，燃煤电站锅炉的 NO_x 排放水平比工业锅炉、茶浴炉、居民炉灶等燃烧设备高，而近年中国火力发电的耗煤量增长较快。另外，随着机动车保有量的快速增长，汽油、柴油等燃料消费量的快速增长也是导致中国 NO_x 排放增长高于能源消费增长速度的一个重要原因。

进入 21 世纪，随着中国国民经济的快速发展和国内产业结构的升级，国家实施积极的财政政策和稳健的货币政策、积极扩大内需的方针等，带动了大规模的基础设施建设，给国民经济注入了新的活力，城乡居民生活水平不断改善。近几年，工业行业保持了较快速度的增长，尤其是钢铁、水泥、化工、电解铝等高耗能行业的无序建设和膨胀，带动了我国能源生产和消费的快速增加。不仅如此，与在 21 世纪的 90 年代末期呈现的增长趋势不同，终端能源消费总量和终端煤炭消费总量在近几年均呈现较快的增长趋势。经历了短暂的能源相对过剩后，中国重新出现了能源和电力紧缺的局面。据统计，2004 年中国能源生产与消费总量已快速增长至 1846.00 Mtce 和 1970.00 Mtce，与 2000 年相比年均增长率分别高达 14.6%和 10.9%。2004 年煤炭生产和消费总量分别达到 19.56 亿 t 和 18.70 亿 t，与 2000 年增长年均增长率高达 18.3%和 10.7%。另外，交通运输行业和私人用车的快速发展，也带动汽油和柴油消费的快速增长。到 2003 年，汽油和柴油消费总量已分别达到 4072 万 t 和 8401 万 t。

由于目前我国对燃烧源的 NO_x 排放基本未采取有效的控制措施，因此，近几年能源消费的快速增长导致我国 NO_x 排放呈现较快的增长势头。2002 年和 2003 年全国 NO_x 排放总量已分别增至 14.01 Mt 和 16.14 Mt，与 2000 年相比，年均增长率达到 8.6%和 10.8%。

1.2 固定源氮氧化物净化技术

近几十年来，全世界已经开出了多种 NO_x 控制技术并应用于燃煤电厂等固定源。现有的固定源脱硝技术可分为两大类:燃烧过程控制技术和尾气控制净化技术。燃烧过程控制改进通过调整燃料空气混合状况,降低燃烧温度和燃烧初期湍流度,从而减少炉内 NO_x 的生成量;而尾气净化控制技术则是在末端采用各种物理化学手段将炉膛内已经形成的 NO_x 减量化或无害化。

1.2.1 燃烧过程控制技术

燃烧过程控制主要是通过新型燃烧器的设计和炉内燃烧条件来改进燃烧方式而实现的,亦称为低 NO_x 燃烧技术。

工业实践表明,与尾气控制净化技术相比,燃烧过程控制技术相对简单,使目前采用最广泛、且经济有效的措施。根据燃烧过程中 NO_x 的生成和破坏机理,燃烧过程控制技术控制 NO_x 排放主要基于如下的策略:降低燃烧室内火焰的峰值温度;减少气体在火焰区的停留时间;降低火焰区的氧气浓度,即减少燃烧器内过量空气系数和减少着火区的氧浓度;加入 NO_x 还原剂等。主要包括以下几类方法:低过剩空气系数(LEA)、空气分级燃烧(OFA)、烟气再循环(FGR)、燃料分级或再燃烧技术、低 NO_x 燃烧器(LNBs)等。

LNBs 是通过改进燃烧器的结构,以及通过改变燃烧器的空燃比(A/F),将空气分级、燃料分级、烟气再循环通过降低 NO_x 排放的原理用于燃烧器,以尽可能降低着火区的氧浓度,适当降低着火区的温度,缩短烟气在高温区的停留时间,来抑制 NO_x 的生成。由于低 NO_x 燃烧器能在着火阶段就抑制 NO_x 的生成,可以达到更低的 NO_x 排放浓度,因此,低 NO_x 燃烧器得到了广泛的开发和应用。

目前,各国实际应用的低 NO_x 燃烧器种类繁多。例如,美国 B&W 公司的 DRB 型低 NO_x 燃烧器、B&W 公司的 XCL 型低 NO_x 燃烧器、美国 FW 公司的 CF/SF 低 NO_x 燃烧器等均是基于空气分级原理的旋流燃烧器,适用于燃烧器前墙或前后墙布置的燃烧方式;日本三菱公司的 PM 型空气分级低 NO_x 燃烧器则适用于四角布置的切向燃烧方式；德国斯坦缪勒公司的MSM型旋流煤粉燃烧器则是按照燃料分级的原理开发的；三菱公司的SGR型烟气再循环燃烧器则基于烟气再循环原理设计的。另外，国内清华大学自行研制的火焰稳定船式低NO_x直流煤粉燃烧器大速差同向射流火焰稳定技术，以及中科院提出的采用不对称射流原理的煤粉火焰稳定燃烧技术等，均是具有降低NO_x排放的低NO_x燃烧器，已在我国电站锅炉和工业锅炉上推广应用。工业应用实践表明，根据所采用的措施不同，各种不同类型的低NO_x燃烧器可以达到的NO_x降低率通常在30%～60%之间。

实际上，对于不同燃料类型、燃烧设备以及设备规模，甚至对基于同样控制原理的技术而言，各种改进燃烧的NO_x控制技术的NO_x降低率是有差别的，而且基于一般原理的几种NO_x控制技术的组合控制效率也不等于每一种技术的效率之和。此外，由于各种燃烧改进技术本身的特性，它必须仔细地与燃烧装置的设计和运行综合起来考虑。

到目前为止，采用燃烧改进技术降低NO_x排放是最经济和较为有效的技术措施，已被工业界广泛采用。实验确认单一的低NO_x燃烧器可以削减NO_x达50%；若再结合OFA或再燃烧技术，NO_x可削减75%。

1.2.2 尾气控制净化技术

通常情况下，采用各种低NO_x燃烧技术最多仅能降低约50%的NO_x排放。当对燃烧设备的NO_x排放要求较高时，单纯采用燃烧改进措施往往不能满足排放要求，就需要采用尾气控制净化技术来进一步减少NO_x的排放。

固定源尾气脱硝技术是指通过各种物理、化学过程等手段使烟气中的NO_x还原分解为N_2和其他物质，或者以清除含N物质的方式去除NO_x的各种技术措施。按照反应体系的状态，脱硝技术可以大致分为湿法和干法。其中湿法包括：水吸收法、酸吸收法、碱液吸收法、氧化吸收法、络合吸收法以及生物净化法等。干法则包括:催化分解法、吸附还原法、电子束法、等离子体活化法、变温(变压)吸附法及催化还原法等。

相较而言,湿式处理技术的净化效率较低,排放尾气中的 NO_x 很难达到排放标准,若想应用于实际条件仍需进一步完善;干法处理技术的处理效果较为理想,装置运行稳定;但其设备庞大,运行费用较高,SO_2 中毒问题突出等不利因素使得此类技术难以推广应用。目前,相关研究中关注较多的主要为以下三大类技术:催化分解、吸附还原(吸附储存)及催化还原。

1.2.2.1 NO_x 的催化分解

NO_x 直接催化分解是最为简洁的处理方式。反应过程中不需添加任何其他试剂,分解产物为 N_2 和 O_2,无毒无害,整个反应过程安全性高,成本较为低廉,且 NO 的直接分解在热力学上是可行的:

$$NO \longrightarrow \frac{1}{2}O_2 + \frac{1}{2}N_2$$

$$\Delta_f G_m = -360\ \mathrm{kJ/mol} \quad (25℃)$$

但该分解过程的活化能较高(364 kJ/mol),反应速度非常缓慢,因此需要适宜的催化剂促进分解反应的迅速进行。至今,人们已进行了大量的研究工作来寻找适合的催化剂,主要有贵金属催化剂,金属氧化物,钙钛矿型复合氧化物及金属离子交换分子筛催化剂。但是至今仍未取得突破性进展,主要是因为:贵金属和金属氧化物催化剂虽然具有较好的分解活性,但容易受到反应气氛中的 O_2 影响,催化活性明显抑制;而离子交换分子筛催化剂的水热稳定较差,也无法实际应用。如 Iwamoto 研制的 Cu-Y 沸石催化剂和 Cu-ZSM-5 沸石催化剂对 NO 分解均具有较高的催化活性,但是其水热稳定性和抗 SO_2 性能较差,且无法在实际氧浓度条件下应用。因此,该方法还有待进一步的研究探索。

1.2.2 2 NO_x 的吸附储存

吸附法是利用吸附剂对 NO_x 的吸附量随温度或压力变化而变化,通过周期性地改变操作温度或压力控制 NO_x 的吸附和解吸,使 NO_x 从气源中分离出来,属于干法脱硝技术。根据再生方式的不同,吸附法可分为变温吸附法和变压吸附法。

变温吸附法脱硝研究较早,已有一些工业装置。根据使用吸附剂的不同,可以分为:分子筛吸附法;活性炭吸附法;硅胶吸附法等。近年来,采用活性炭纤维作为吸附剂的研究发展较快,也有用于脱除 NO_x 的研究报道,该类吸附剂吸附收率高、吸附容量大,其对 NO_x 的静态吸附量可以是颗粒活性炭的3倍左右。

变压吸附气体分离技术是目前发展最快的气体分离提纯工艺,该工艺流程简单、投资小、操作费用低、维护简单、自动化程度高、经济效益好。近年来开始研究开发应用于脱硝,研究结果表明其净化效率高,脱除精度深,可回收酸产品,在脱除率相同时,本法的经济亏损比其他方法少。

由于吸附剂的吸附量随压力变化的幅度远比随温度的变化幅度小,变温吸附时吸附剂对 NO_x 的动态吸附量是变压吸附时动态吸附容量的数倍甚至数十倍,因此对变温吸附脱硝技术有很多研究报道,而对变压吸附脱硝技术研究很少。随着吸附剂性能的提高,特别是变压吸附工艺水平的不断完善,利用变压吸附技术进行废气脱硝已成为可能。目前,变压吸附脱硝技术的主要缺点在于解吸气中 NO_x 含量较低,不利于回收;吸附剂的抗水性也有待进一步提高。

1.2.2.3 NO_x 的催化还原

按照还原剂是否和气源中的 O_2 发生反应可分为非选择性催化还原法(Non-selective Catalytic Reduction, NSCR)和选择性催化还原法(Selective Catalytic Reduction, SCR)。

A 非选择性催化还原

气源中的 NO_2 和NO在一定温度和催化剂的作用下,被还原剂(H_2、CO、CH_4 及其他低碳氢化合物等)还原为 N_2,同时还原剂还与气源中的 O_2 反应生成 H_2O 和 CO_2。在这种脱硝过程中,反应需借助于催化剂的催化作用,而还原剂与 NO_x 和 O_2 都发生反应,无选择性,所以称作非选择性催化还原反应。

以甲烷为例(其他还原剂的还原反应类似),其主要还原反应为:

$$CH_4 + 4NO_2 \longrightarrow CO_2 + 4NO + 2H_2O \tag{1-3}$$

$$CH_4 + 2O_2 \longrightarrow CO_2 + 2H_2O \tag{1-4}$$

$$CH_4 + 4NO \longrightarrow CO_2 + 2N_2 + 2H_2O \tag{1-5}$$

常用的还原剂包括合成氨释放气、焦炉气、天然气、炼油厂尾气和气化石脑油等,可总称为燃料气;常用的催化剂为铂(Pt)和钯(Pd)贵金属催化剂。由于反应过程中放出大量的热,流程中应设置废热锅炉予以回收。对于在贫燃条件下燃烧排放的废气,由于存在着过量氧,不但消耗了部分还原剂,还会使催化剂失去活性。寻找在贫燃条件下仍具有高活性的 NO_x 还原催化剂,仍是目前研究的一大课题。对非选择性催化还原法,国内仅进行过小试,未见工业应用。该法燃料气消耗量大,需贵金属作催化剂,需增设热回收装置,投资大,因而在国外逐渐被淘汰,转而采用更经济适用的氨选择性催化还原法。

B 选择性催化还原

此法以 NH_3 作还原剂,在较低温度和催化剂的作用下,NH_3 有选择地将废气中的 NO_x 还原为 N_2,不与尾气中的 O_2 反应或很少反应,因而还原剂用量少,且该法的脱硝率能达到 90% 以上。SCR 法的发明权属于美国,而日本率先于 20 世纪 70 年代实现了商业化。目前这一技术在发达国家已经得到了比较广泛的应用,欧洲、日本、美国是当今世界上对燃煤电厂 NO_x 排放控制最先进的地区和国家,他们除了采取燃烧控制之外,还大量使用了 SCR 烟气脱硝技术。2002 年,日本共有折合总容量大约为 23.1 GW 的 SCR 设备在电力工业使用;德国于 20 世纪 80 年代引进 SCR 技术,并规定发电量 50 MW 以上的电厂必须配备 SCR 系统,其火力发电厂的烟气脱硝装置中 SCR 大约占 95%;美国在 1998 年颁布 NO_x-SIP 法令时,美国环保署(EPA)预计为 75 GW 的发电装置安装 SCR 系统,以便满足 SIP 法令的要求,至今已有超过 10 GW 的装置安装了 SCR 系统,实现了其减少排放量的承诺。由于该法的设备及运行费用较高，对美国原有的固定源尾气处理系统进行改造也需要较大的投资，因此在美国国内推广应用存在较大的困难。即便如此，由于 SCR 技术的许多关键技术，如催化剂的制备，还具有一定的提高和改进空间，因此该法仍是脱硝技术中最具前景的技术工艺之一。在后面我们将详细叙述 NH_3 选择性催化还原氮氧化物技术。

1.2.2.4 联合脱硫脱硝

此外，联合脱硫脱硝也是烟气治理技术的一个发展方向，亦可分为湿法和干法两大类。

A 湿法

湿式技术主要包括 SWA-SNO_x 工艺、氯酸氧化（Tri-SO_x-NO_x Sorb）工艺、加入金属螯合剂的湿法脱硫工艺和液相同时催化技术等。

SWA-SNO_x 技术原理是烟气先经过 SCR 反应器，在催化剂作用下 NO_x 被氨气还原为 N_2，随后烟气进入改质器，SO_2 催化氧化为 SO_3，并在降膜冷凝塔中与冷凝水合为硫酸，进一步浓缩为可销售的浓硫酸。

液相同时催化技术采用气相选择性催化氧化将 NO 氧化为 NO_2，并结合液相氨水吸收，利用 NO_x 的氧化性和 SO_2 的还原性，在水溶液中来构造一个自还原氧化过程，即 NO_x 溶于水形成 NO_2^-，SO_2 溶于水形成 SO_3^{2-}、HSO_3^-，NO_2^- 与 HSO_3^- 反应能生成羟胺二磺酸盐，并水解生成硫酸羟胺，进而水解为硫酸铵，实现 S、N 资源化。实验采用氨中和 Fe^{3+} 液相催化氧化法脱硫脱硝，可以脱除 90%以上的 SO_2 以及 50%左右的 NO_x。

湿法技术比较成熟，已经达到工业化应用程度，但存在成本高、占地面积与耗水量大、二次污染等问题，进一步发展的潜力不大。

B 干法

干法脱硫脱硝工艺利用粉状或颗粒状吸收剂，通过吸附、催化反应或高能电子电解等作用除去烟气中的硫氧化物和氮氧化物。反应在无液相介入的完全干燥状态下进行，反应物亦为干粉状，不存在腐蚀和结垢等问题。相对湿法脱硫脱硝技术,干法技术具有耗水量少、不造成二次污染、硫便于回收等优点,但由于气固反应速率较低,致使脱硫过程空速低,设备庞大,脱硫率不及湿法。近年来,对干法技术的研究呈上升趋势,开发了多种新技术,主要包括等离子体法、固体吸附法、催化氧化还原法等。

1.3 发达国家电站锅炉 NO_x 排放控制

1.3.1 美国

美国是煤炭生产与消费大国,煤炭产量仅次于中国,居世界第二位。美国电站装机容量居世界首位。近年来,尽管美国燃气轮机发电站和天然气锅炉电站增长较快,但基本电力供应仍然主要依赖于燃煤电站锅炉。美国国内煤炭消费的80%用于发电,电煤约占美国电力一次能源消费的56%左右。1990年美国CAAA规定的燃煤锅炉 NO_x 允许排放限值。

为控制燃煤 NO_x 排放,在1990年《洁净空气法修正案》(CAAA)中,美国对电站锅炉排放进行了限制。20世纪90年代末期,电站锅炉开始执行1990年《美国洁净空气法》修正案(CAAA)第Ⅳ篇的燃煤锅炉 NO_x 排放限值标准,统一执行第Ⅰ阶段(1996~2000年)的 NO_x 排放限值要求。自2000年开始,美国电站锅炉开始执行第Ⅱ阶段的 NO_x 排放标准限值,不仅对Ⅰ类锅炉提出了更高要求,而且对第Ⅱ类锅炉,也规定了严格的 NO_x 允许排放限值。表1-1为1990年美国CAAA规定的燃煤锅炉 NO_x 允许排放限值。

表1-1 1990年美国CAAA规定的燃煤锅炉 NO_x 允许排放限值

锅炉类别	锅炉炉膛型式	第Ⅰ时段(1996~2000年)		第Ⅱ时段(2000年后)	
		g/MJ	$mg/m^3(O_2=6\%)$	g/MJ	$mg/m^3(O_2=6\%)$
Ⅰ类锅炉	旋流燃烧器 固态排渣锅炉	0.215	610	0.194	554
	四角切圆燃煤锅炉	0.194	554	0.163	467

续表 1-1

锅炉类别	锅炉炉膛型式	第Ⅰ时段(1996~2000年)		第Ⅱ时段(2000年后)	
		g/MJ	mg/m^3(O_2=6%)	g/MJ	mg/m^3(O_2=6%)
Ⅱ类锅炉	旋流燃烧器	-	-	0.370	1058
	前置式旋风炉膛锅炉	-	-	0.400	1156
	竖立式燃煤锅炉	-	-	0.344	984
	孔格式燃烧器	-	-	0.293	836
	流化床炉膛锅炉	-	-	0.125	357

自1990年洁净空气法修正案(1990-CAAA)实施以来,随着各种先进的 NO_x 污染控制技术的示范与推广应用,美国燃煤锅炉的环境性能已得到稳步改善。二氧化硫(SO_2)、氮氧化物(NO_x)、颗粒物(PM)排放显著降低。尽管煤炭消耗量几乎增加30%,NO_x 排放量却削减了29%。然而,为防治诸如汞污染、酸雨、地面层臭氧、水生生态系统的硝化,大气微细颗粒物,以及大气能见度降低(地区阴霾)等问题,电厂排放需要进一步削减。例如,EPA最近提出的清洁空气州际法令(CAIR)就是旨在大幅度削减 NO_x 和 SO_2 的排放。另外,美国国会还提出了包括蓝天法案(Clean Skies Act)在内几项多种污染物控制议案,以进一步削减电厂污染物排放量。

总的说来,美国烟气脱硝技术的工业应用开始比较晚,到1997年才有8台、总容量不足3000 MW的燃煤机组安装了SCR,但是美国的烟气脱氮发展十分迅速。为了实现1998年SIP计划(State Implementation Plan)中对于大型发电机组0.15 lb/Mbtu的氮氧化物排放要求,在2004年底前,总计约有容量约100 GW的燃煤机组要安装SCR。

为了应对这些挑战,美国能源部化石能源技术实验室(DOE/NETL)目前正在其现有电厂创新计划(IEP)框架下实施一项全面的、综合性的研究开发计划。IEP计划的总体目标是继续改善现有的发电装机容量超过320 GW的化石燃料电力系统的效率和环境性能，并将这些技术应用于先进的电力系统中去。IEP 计划一个非常重要的部分就是关于先进的 NO_x 控制技术的研究与开发。对先进 NO_x 控制技术的研究目标是到 2006 年可将 NO_x 排放水平控制在 0.15 lb/MMBtu 以内，到 2010 年将 NO_x 排放水平控制在 0.1 lb/MMBtu 以内，与此同时使控制技术的年均化投资成本比目前常规 SCR 控制技术至少节省 25%。另外，研究还将增进采用先进 NO_x 控制技术对电厂其他方面影响的认识，诸如未燃尽碳损失、水冷壁损耗、汞物种解析及其捕获等。

另外，为改善国家公园和自然保护区的大气能见度，1999 年 7 月 EPA 公布了一项区域阴霾控制法规。由于微细颗粒物和污染气体的作用使得大气能见度降低。地区阴霾控制法规要求 1962 年至 1977 年期间投入运行的电厂，必须采用最佳可用改造技术（BART）对现有的新源性能标准（NSPS）之前电厂进行改造。BART 条款可能要求这些电厂安装 SCR 装置控制 NO_x 排放。EPA 要求各个州确定 BART 排放源并在 2008 年前提交实施计划方案。

2004 年 1 月 30 日，为控制美国 29 个州和哥伦比亚特区内的化石燃料电厂 SO_2 和 NO_x 排放，美国 EPA 提出了洁净空气州际法令（Clear Air Interstate Rule，CAIR）。该法令已在 2005 年 5 月颁布实施。该法令提出的排放削减目标是为了使美国东部地区满足微细颗粒物和 8 小时臭氧的 NAAQS 要求。CAIR 排放削减计划将分两个阶段执行，第一阶段达标日期为 2010 年 1 月 1 日，第二阶段达标期为 2015 年 1 月 1 日。根据 CAIR 中的 NO_x 总量和排污权交易计划，各个州将负责向排放源发放 NO_x 排放许可证。与 NO_x SIP 倡议法令类似，每个源每年必须持有和上交足够数量的排污许可证以抵消其 NO_x 排放量。但是，CAIR 要求排放源在全年内均要满足要求的 NO_x 削减指标，而 NO_x 州实施计划倡议指令（NO_x SIP Call Rule）仅要求在臭氧季节满足排放要求。EPA 估计为满足 CAIR 排放要求，到 2015 年将有另外 46GW 装机容量的现有电厂安装 SCR 装置。这样，到 2015 年全美安装 SCR 的总电力装机容量将达到 171 GW。

1.3.2 日本

日本火电厂发电量仅次于美国和中国，居世界第 3 位。1973 年以前，日本仅有限制锅炉烟气中 NO_x 排放浓度的建议，以后又经历了多次修改。目前，日本是当今世界上 NO_x 允许排放限值最低、排放标准要求最严的国家之一。其最新的日本电站锅炉 NO_x 允许排放浓度标准见表 1-2。

表 1-2 最新的日本电站锅炉 NO_x 允许排放浓度标准

锅炉类型	锅炉容量	NO_x 最高允许排放限值	NO_x 最高允许排放限值 /$mg \cdot m^{-3}$(以 NO_2 计)
燃煤(O_2 = 6%)	≤570	250×10^{-6}	513
	>570	250×10^{-6}	410
燃油(O_2 = 4%)	≤540	150×10^{-6}	308
	>540	130×10^{-6}	267
燃气(O_2 = 5%)	≤506	100×10^{-6}	205
	>506	60×10^{-6}	123

日本严格的 NO_x 排放标准，促进了各种低 NO_x 燃烧技术和烟气脱硝技术的应用推广。为达到更低的 NO_x 排放限值要求，日本很多电站锅炉安装了 SCR 烟气脱硝装置。

日本早在 20 世纪 70 年代率先实现了 SCR 的工业化。1975 年，日本 Chogoku 电力的 Shimoneski 机组(1/2×175 MW)安装了世界上第一台 SCR，紧接其后的是 Hokkaido 电力的 Tomato-Atsuma(1/4×250 MW)和 EPDC 的 Takehara(250 MW)电厂。到 1984 年已经有 41%的燃煤机组配备了 SCR 烟气脱硝装置。

目前，日本有总容量约 42 GW 的发电机组上安装了 SCR 脱硝系统，占脱硝装置总容量的 93%。日本 SCR 装置的供应商主要是三菱重工(MHI)、巴布科克—日立(BHK)、石川岛播磨(IHI)、川崎重工(KHI)，其中石川岛播磨和巴布科克—日立 SCR 的装机容量均达到 14 GW，三菱重工 SCR 的装机容量约 12 GW。

1.3.3 德国

德国在 NO_x 排放控制方面走在世界前列。为了防治酸雨，控制该国大面积的森林损害，1983 年 7 月 1 日《联邦污染防治法》第 13 款《大型燃烧装置法规》(GFAVO)生效，开始严格限制各种燃烧装置的 NO_x 排放。表 1-3 给出了目前德国燃煤电站 NO_x 排放标准。

表 1-3 目前德国燃煤电站 NO_x 排放标准

时限	机组容量	NO_x 排放限值/$mg\cdot m^{-3}$($O_2=6\%$)
1984 年前建成机组	>300 MW 且剩余寿命>3 万 h	200
	50～300 且剩余寿命>3 万 h	650(液态排渣 1300)
	>50 MW 且剩余寿命<3 万 h	650(液态排渣 1300)
1984 年后新建机组	>300 MW	200
	50 MW～30 MW	400
	1 MW～50 MW	500

德国电厂采取的烟气脱硝措施主要包括选择性催化还原法(SCR)、选择性非催化还原法(SNCR)和联合脱硫脱硝技术三类。其中，采用最多的是氨选择性催化还原(SCR)脱硝装置。德国于 20 世纪 80 年代引进 SCR 技术，并规定发电装机容量 50 MW 以上的电厂必须配备 SCR 脱硝系统。

1980 年，前联邦德国规定大型锅炉的 NO_x 排放浓度须小于 200 mg/Nm^3 (0.12 lb/Mbtu)。1985 年，德国 Neckerwerk Altbach/Deiziau 电厂的 5 号固态排渣燃煤锅炉(420 MW)第一个安装了 SCR 装置。到 1991 年，按国家标准规定所有需要二次脱氮的机组(约占总容量的 40%)都已装上烟气脱硝装置，已经运行的脱硝装置容量达到 30000 MW，其中约 95% 为 SCR。

另外，自从欧共体规定了燃煤电厂 NO_x 排放量不能高于 200 mg/Nm^{3}的排放标准后，欧共体内其他国家安装 SCR 装置的电厂数目有大幅度的增加，估计约有 50 GW 的燃煤机组需要在 2004 年前安装 SCR 装置。例如，到 2002 年，意大利已经有 12 个火电厂的 30 台机组安装了 SCR 装置,而且规划把以后的大部分改造工程都定为 SCR 工艺。欧洲典型的 SCR 装置主要参数见表 1-4。

表 1-4 欧洲典型 SCR 装置的主要参数

机　组	NO_x 脱除效率/%	初始空速/h^{-1}	最终空速/h^{-1}	锅炉容量/MW
Knepper C	90	-	1412	175
Walheim	85	2449	1839	140+40
Staudinger	84	-	-	63
Staudinger	85	-	-	293
Tiefstack	85	1257	943	100
Bremen	85	3152	2364	170
Kiel	83	2308	1528	350
Franken	83	1785	1250	220

1.4 中国火电厂 NO_x 排放控制现状

与西方发达国家相比,中国对电站锅炉的 NO_x 排放控制很晚,且 NO_x 标准限值较为宽松。1997 年开始实施的《火电厂大气污染物排放标准》(GB13223—1996),仅对第Ⅲ时段(1997 年 1 月 1 日起环境影响报告书待审查批准的新、扩、改建火电厂),额定蒸发量大于等于 1000 t/h 以上的煤粉电站锅炉,规定了较为宽松的 NO_x 最高允许排放浓度限值,而对于燃油、燃气锅炉和额定蒸发量低于 1000 t/h 的燃煤电站锅炉机组没有任何限制。

为进一步控制火电厂大气污染物排放,2003 年我国政府修订并发布了最新的《火电厂大气污染物排放标准》(GB13223—2003)。该版本不仅分时段制定了燃煤机组的氮氧化物排放限制,还对燃油和燃气轮机组制定了氮氧化物排放限制,表 1-5 为目前中国电站锅炉 NO_x 排放浓度限值。

表 1-5 目前中国电站锅炉 NO_x 排放浓度限值

时　段	第Ⅰ时段	第Ⅱ时段	第Ⅲ时段
实施时间	2005 年 1 月 1 日	2005 年 1 月 1 日	2004 年 1 月 1 日
$V_{daf}<10\%$	1500	1300	1100

续表 1-5

时段		第Ⅰ时段	第Ⅱ时段	第Ⅲ时段
实施时间		2005 年 1 月 1 日	2005 年 1 月 1 日	2004 年 1 月 1 日
$10\% \leqslant V_{daf} \leqslant 20\%$		1100	650	650
$V_{daf} > 10\%$				450
燃油锅炉		650	400	200
燃气轮机组	燃油			150
	燃气			80

与发达国家相比,我国电站锅炉 NO_x 排放控制技术的开发应用起步晚,差距相当大。直到 1980 年中后期,我国才相继引进了一批国外先进的大容量火电机组,同时从美国的 ABB-CE、FW、B&W 及日本的 Mitsubishi 等公司引进了具有低 NO_x 燃烧系统的大型燃煤电站锅炉的设计与制造技术。

目前,我国已投运的 300 MW、600 MW 机组锅炉基本上均采用了各种不同形式的低 NO_x 燃烧器。其中,采用基于 ABB-CE 公司开发的直流低 NO_x 燃烧器和燃烧系统的最多,包括炉膛内整体空气分级燃烧器(OFA)、同轴燃烧系统(CFCⅠ、CFCⅡ)、低 NO_x 同轴燃烧系统(LNCFS)等低 NO_x 燃烧技术。此外,国内已开发成功了 220 t/h 循环流化床锅炉和独特的船形低 NO_x 煤粉燃烧技术,可以大幅度削减 NO_x 排放量。

但是,我国目前有相当容量的 200 MW 以下的中小火电机组基本未采取降低 NO_x 排放的技术措施;还有 200 余台 200 MW、300 MW 现役机组锅炉未采用低 NO_x 措施降低 NO_x 排放量。另外,如何降低在我国电站燃煤中占相当比例的低挥发分煤种和劣质烟煤锅炉的 NO_x 排放水平也是一大难题。

据统计,目前全国煤粉发电锅炉共有 4092 台。其中,已安装各种低 NO_x 燃烧器的约 400 台,占 10%左右,绝大多数锅炉未采取降低 NO_x 排放的技术措施。电站锅炉烟气脱硝技术还未起步。目前,全国仅有台塑美国公司投资兴建的福建漳州后石电厂的 600 MW 电站锅炉上采用三菱 MACT 系统并在空气预热器前安装高粉尘布置的 SCR 烟气脱硝装置,设计脱硝效率达 66.7%,NO_x 出口排放浓度小于 50×10^{-6}(干基 6% O_2)。

另外,为了加强对排污费征收、使用的管理,2002 年 1 月 30 日国务院第 54 次常务会议通过,自 2003 年 7 月 1 日起开始施行《排污费征收使用管理条例》。根据该条例,国家发改委、财政部、国家环境保护总局、国家经济贸易委员会联合颁布的《排污费征收标准管理办法》规定:对向大气排放污染物的,按照排放污染物的种类、数量计征废气排污费。其中,二氧化硫排污费,第一年每一污染当量征收标准为 0.2 元,第二年(2004 年 7 月 1 日起)每一污染当量征收标准为 0.4 元,第三年(2005 年 7 月 1 日起)达到与其他大气污染物相同的征收标准,即每一污染当量征收标准为 0.6 元。氮氧化物在 2004 年 7 月 1 日前不收费,2004 年 7 月 1 日起按每一污染当量 0.6 元收费。

尽管目前我国对火电厂的氮氧化物排污收费标准依然较低,尚不足以和安装 SCR 烟气脱硝设施的投资及运行费用相比。但随着国家对大气环境保护的日益重视,电力企业环保意识的不断提高,以及部分地区(如北京)为改善大气环境质量制定与实施的更严格的地方环境保护标准限值,已在一定程度上对电力企业采取氮氧化物排放控制措施起到积极的推动作用。

总体来讲,中国火电厂的烟气脱硝尚未起步,自主知识产权的烟气脱硝技术大多处于实验室阶段,远未达到工业化应用的程度。目前,全国仅有台塑美国公司投资兴建的福建漳州后石电厂的 6×600 MW机组电站锅炉上同步采用三菱 MACT 系统并在空气预热器前安装高粉尘布置的氨选择性催化还原(SCR)烟气脱硝装置。

1.5 NH_3 选择性催化还原 NO_x

选择性催化还原技术在 20 世纪 70 年代,首先由日本应用于电厂烟气脱硝,该技术经过多年的不断完善与发展,因其转化率高、选择性好、实用性强等特点而备受青睐,现已成为烟气脱硝的主流技术。到目前为止，全世界应用 SCR 烟气处理技术的电站燃煤锅炉容量超过 178.1 GW。其中，日本安装有 SCR 装置的机组容量约有 42 GW；欧洲安装有 SCR 装置的机组容量约有 55 GW；美国安装有 SCR 装置的机组容量超过 100 GW。而在我国大陆，该技术还未得到推广应用，仅有福建漳州后石电厂 6×600 MW 燃煤机组同步安装 SCR 脱氮装置并已投入商业运行。

1.5.1 NH_3-SCR 技术原理

NO_x 的催化还原可使用多种还原剂（CH_4、H_2、CO、NH_3 等），其中应用最广泛的技术是以 NH_3 做还原剂，主要反应如下：

$$4NH_3 + 4NO + O_2 \longrightarrow 4N_2 + 6H_2O \tag{1-6}$$

$$2NH_3 + NO + NO_2 \longrightarrow 2N_2 + 3H_2O \tag{1-7}$$

$$8NH_3 + 6NO_2 \longrightarrow 7N_2 + 12H_2O \tag{1-8}$$

无催化剂时，以上还原反应较理想的温度为 800～900℃，温度过高时，还原剂 NH_3 会被氧化成 NO 而消耗；NO_x 的还原速度亦会迅速下降；当温度低于 800℃时，NO 还原的反应速度很慢，此时需添加催化剂促进反应，因此有 SCR 工艺和 SNCR（选择性非催化还原，Selective Non-Catalytic Reduction）工艺之分。

1.5.1.1 传统 NH_3-SCR 技术

在传统 NH_3-SCR 技术中，依据 SCR 脱氮反应器相对于电除尘的安装位置，可将 SCR 分为“高含尘工艺”和“低含尘工艺”两种方式：在“高含尘工艺”中，SCR 反应器布置在锅炉省煤器和空气预热器之间如图 1-4 所示为高含尘 NH_3-SCR 工艺流程，这种布置方式的优点是烟气温度高，满足了催化剂活性要求。缺点是烟气中的飞灰含量高，对催化剂的防磨损和防堵塞的性能要求较高；对于“低含尘工艺” SCR 装置布置在除尘系统之后，脱硫装置之前。此时虽然烟气中的飞灰含量大幅减少，但 SO_2 的影响依然存在，同时尾气温度也下降了许多，为了满足催化剂活性对反应温度的要求，需要安装蒸汽加热器和烟气换热器（GGH），致使投资增加，工业上鲜有应用。

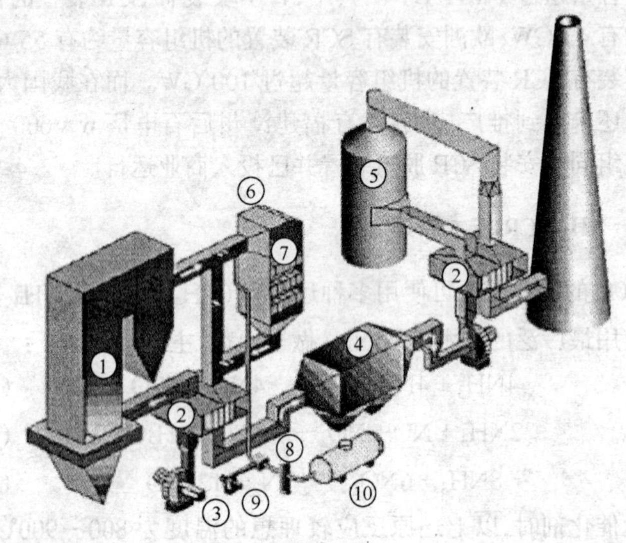

图 1-4　高含尘 NH_3-SCR 工艺流程

①—锅炉；②—换热器；③—空气；④—电除尘器；⑤—SO_2 吸收塔；
⑥—SCR 反应器；⑦—催化剂；⑧—雾化器；
⑨—氮/空气混合器；⑩—氨储罐

1.5.1.2　低温 NH_3-SCR 技术

低温 NH_3-SCR 技术将 SCR 装置安装在脱硫装置之后，烟气排放之前，如图 1-5 所示为低温 NH_3-SCR 工艺流程，这样就可同时避免粉尘和 SO_2 的影响，且无需对现有烟气处理系统进行大规模的适应性改造，装置设备费用和运行费用较低；此外，由于 SCR 反应在低温进行，还原剂的直接氧化损耗也将大大降低。因此，相比而言，低温 NH_3-SCR 技术是具有更好的经济适用性，高效且易于推广。

但该技术目前的难点是：由于尾气在经过除尘和脱硫工序后，温度已降至 100℃ 以下，催化剂的低温活性问题尤显突出。若采用额外的烟气再加热装置以获得高脱硝效率，将导致系统能耗大

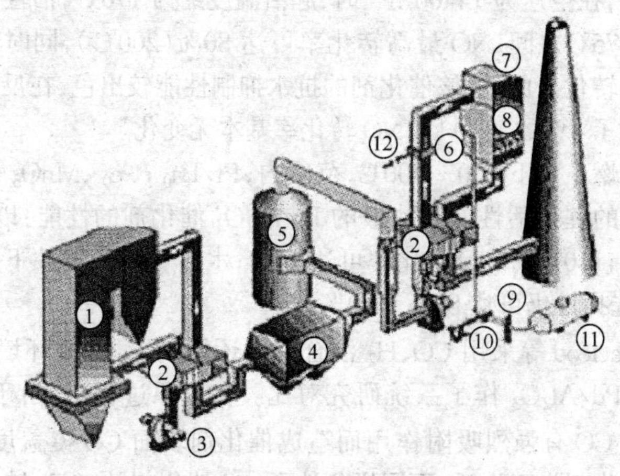

图 1-5　低温 NH_3-SCR 工艺流程

①—锅炉；②—热交换器；③—空气；④—静电除尘器；⑤—SO_2 吸收塔；
⑥—加热器；⑦—SCR 反应器；⑧—催化剂；⑨—喷雾器；
⑩—氮/空气混合器；⑪—氨储罐；⑫—燃料/蒸汽

幅增加，经济性大打折扣。所以，研制开发与之匹配的低温高效、性能稳定的 SCR 催化剂成为该研究领域的一大热点。

1.5.2　催化剂技术研究概况

催化剂是 NH_3-SCR 技术的核心，现有的催化剂可分为 3 大类：贵金属催化剂、分子筛催化剂和金属氧化物催化剂。研究及应用中涉及的载体包括陶瓷材料、金属材料和碳质材料等。

1.5.2.1　贵金属催化剂

贵金属催化剂低温催化活性优良，对 NO_x 还原及对 NH_3、CO 氧化均具有很高的催化活性，因此在 SCR 过程中会导致还原剂大量消耗而增加系统运行成本。此外，催化剂造价昂贵，易发生氧抑制和硫中毒。目前仍有研究人员采用新制备技术和新型载体，针对某些含硫低的工业尾气开发出了一些性能较好的低温催化剂。

An W.Z. 等制备了一系列 Pt/FC(氟化活性炭)陶瓷环整体

催化剂,在空速为 14400 h^{-1}时,起活温度约为 170℃,活性窗口在 170~275℃之间,NO 最高转化率可达 80%(200℃),同时还原剂可完全转化。此外,该催化剂的抗水抑制性能较出色,在反应气体中添加了 4%的 H_2O 后,NO 转化率基本无变化。

贫燃条件下 100~400℃ 范围内,Pt/$La_{0.5}Ce_{0.5}MnO_3$ 催化剂对 NO 的催化活性好于一般的 Pt/Al_2O_3 催化剂的性能:以 H_2 做还原剂,140℃时 NO 转化率可达 74%;水蒸气存在条件下的产物 N_2 的选择性仍可达 80%~90%。

Macleod 等采用 CO、H_2 混合气做还原剂,对富氧环境下 Pt/Al_2O_3、Pd/Al_2O_3 作了系统研究对比。在还原过程中,由于 Pt 催化剂对 CO 有强烈吸附作用而造成催化剂表面 CO 覆盖度很高,致使催化剂中毒失活;而同样条件下,Pd 催化剂的 NO_x 转化率却能达到 45%左右。此外,他们还发现一个有趣的现象:使用 Pt 催化剂时,即使还原剂气体(H_2)中含有微量的 CO,也会使 NO 转化率下降很多;而对 Pd 催化剂,则恰恰相反,还原气体中掺混 CO 能够明显提高 NO 的还原效率。通过 DRIFTS 分析,推测了 Pd 催化剂上还原 NO_x 的反应机理:混合气体首先在催化剂上表面形成了甲酸盐和异氰酸盐(NCO),随后 NCO 的水解产物能够生成 NH_3 物种,形成的 NH_3 则对 NO_x 的催化还原具有很大促进作用,这也是 Pd 催化剂优于 Pt 催化剂的一个原因。

目前贵金属催化剂的应用研究的主要研究目标是:低温活性的进一步提高,抗硫性能的增强,以及还原产物 N_2 的选择性问题。

1.5.2.2 分子筛催化剂

分子筛催化剂在化工生产中应用极为广泛,同样在 SCR 技术中也备受关注,但多数的催化活性主要表现在中高温区域,实际应用中的水抑制及硫中毒问题依然亟待解决,目前已开展的研究中涉及了多种类型的分子筛。

Stevenson 在 HZSM-5 催化剂上用 NH_3 还原 NO_2 时发现其反应速率远远大于同等反应条件下还原 NO 的速率,二者数值上相差2个数量级。由此推测,NH_3 在 HZSM-5 上还原 NO 时,重要的第一步就是 NO 的氧化;而催化还原 NO_2 时的控制步骤则可能是吸附态的 NH_3 与 NO_2 之间在 B 酸位上的反应。此外,催化还原过程中的 N_2 选择性很差,在实验中有大量的 N_2O 生成。

同样,Wallin M. 也研究了 HZSM-5 上用 NH_3 还原 NO_x 时的特性。他发现还原剂供应的瞬时变化对催化反应活性影响很大。在 200~500℃ 的反应区间,当原料气中 NO∶NO_2>1(摩尔比)时,间歇供氨时的还原活性是连续供氨时的 5 倍,而且反应产物对 N_2O 的选择性也降低了;当以 NO_2 作唯一 NO_x 源时,反应产物的 N_2O 选择性很高。由此他认为:对于 NO∶NO_2>1 的 SCR 反应,NO 的氧化是该催化还原反应过程的控制步骤;而氨的存在抑制了 NO 氧化的活性,提高了 SCR 的还原活性。

近年来关于 Fe-ZSM-5 开展的研究较多,并在使用 NH_3 还原 NO_x 的实验中得到了较好的效果。Yang 等也对其进行了系统研究,其中 Fe-ZSM-5(Fe/Al = 0.19)催化剂的高温催化活性良好,在 400~550℃,空速高达 $4.6\times10^5\ h^{-1}$时亦可完全还原 NO。与市售的钒催化剂相比,Fe-ZSM-5 催化剂在 400~450℃ 的催化活性要高出 5~7 倍。通过 SO_2+O_2 在 400℃ 的预处理,催化剂表面 B 酸位酸性增加,在表面生成硫酸铁粒子,并可提高催化剂在高温下水硫共存时的 SCR 活性。

Broclawik 用 IR 研究了 Cu^+ 在 ZSM-5 中的 de-NO_x 活性,并进行了量化计算研究。计算结果和 IR 观测结果均显示,相对于活性位 Cu^{2+} 而言,骨架上的 Cu^+ 所吸附的 NO 具有更显著的活性。Xu L F 等人对 Cu 沸石催化剂上 NO_x-SCR 反应中的自阻抑现象进行了分析,结合前人的研究报道,他认为 SCR 反应过程中的自阻抑现象是由于 NH_3 和 NO_x 在催化剂表面 Cu 活性位的竞争吸附引起的,且阻抑现象在低温下很强烈,而高温下则不明显。

相比之下,较低温度环境下具有高 SCR 活性的分子筛类催化剂的研究报道目前还不多。Krishna 等在处理模拟汽车尾气的时候,研究了高 Ce 含量的分子筛催化剂的 SCR 特性。其实验结果显示:350～550℃,高空速条件下(50000 h^{-1})的 NO_x 转化率也可一直保持在 90%左右;但在 300℃以下的 SCR 活性就下降很快。

2002 年,Richter 等人用特殊沉淀技术在 NaY 沸石的微晶周围排列了一层无定型的 MnO_x,制得了蛋壳型结构的 MnO_x/NaY 催化剂,其低温活性和抗水抑制性能均较突出。NH_3 选择性催化还原 NO 的实验中,空速 30000～50000 cm^3/g·h,进气含水 5% ～10%的条件下,200℃附近时 NO_x 转化率可保持在 80% ～100%之间,N_2 选择性亦保持在 90%以上。Richter 认为催化剂的蛋壳型结构是该催化剂具有高 SCR 活性的根本原因。其部分实验数据见表 1-6。

表 1-6　Richter M 的部分实验数据

催化剂	进气体积分数/%				温度/℃	转化率/%	N_2 选择性/%
	NO	NH_3	O_2	H_2O			
15 MnNaY775	0.1	0.1	10	7	150	77	92
			10		170	88	93
			5		170	82	94

1.5.2.3　金属氧化物催化剂

以往有关研究显示:过渡金属氧化物负载型催化剂在富氧条件下、以 NH_3 为还原剂的 SCR 反应中表现出了较好的催化活性。目前市售的 SCR 催化剂产品大都是以 V_2O_5/TiO_2(锐钛矿)混合 WO_3 或 MoO_3 作为活性组分。

A　钒氧化物催化剂

一般的钒基催化剂的起活温度比较高,且在有 SO_2 和 H_2O 的条件下,活性会受一定影响。如 Stefan B. 和 Thomas H. 在研究等离子体协同催化 NO_x 时发现,V_2O_5-WO_3/TiO_2 催化剂在含有 5% H_2O 的富氧环境下(13% O_2),以 NH_3 为还原剂,空速 15000 h^{-1},180℃时即可起活,250℃时 NO_x 转化率可达 90%,但低于 180℃后的 NO_x 转化率下降非常快,100℃时已几乎没有什么活性。不同的是，当模拟尾气中 NO 和 NO_2 浓度相同的时候，100℃ NO_x 转化率却可达 70%。由此，作者推断在 220～330℃之间，催化还原过程中的主要机理是按照反应式 1-6 进行的；当温度降到 200℃以下时，NO_2 的还原转化逐渐上升到主要的地位，按式 1-7 进行反应，即低温下催化剂对 NO_2 的催化还原活性要好于 NO。

Djerad S. 等用溶胶—凝胶法制备了 V_2O_5-WO_3/TiO_2 催化剂，在研究了催化剂的焙烧温度和活性组分配比对活性的影响后，认为保证催化剂上钒氧化物粒子的良好分散度能够大大提高还原反应中 N_2 的选择性，但对提高整个 SCR 反应的活性却无明显益处。提高钒负载量，虽在 250～450℃范围内对 NO_x 的转化有少许促进作用，但此时的负面影响也逐渐突出；活性组分粒子发生聚集，TiO_2 载体表面烧结，较高反应温度区间内 NH_3 的氧化量增加。在 250～350℃内采用 V/W = 8/9（质量比）配比的催化剂时，NO_x 几乎可完全转化，N_2 选择性也很高；而在 150℃的低温范围内则采用低钒的催化剂效果较好。

在 V_2O_5/TiO_2 上添加 WO_3 组分，250℃时 NO 的催化还原效率可由 85%升至 95%，研究人员认为在 NH_3 选择性还原 NO 的过程中，TiO_2 载体表面上的钒物种的某种聚合物较之单体颗粒更具活性，而 WO_3 则能够促进这种聚合物的生成。添加 BaO 组分的情况却恰恰相反：Ba 能够在催化剂表面生成 V-O-Ba 键，这种强相互作用削弱了 V 的活性。但对 V_2O_5/TiO_2（载体预硫化）催化剂而言，WO_3 组分和 BaO 组分的添加则对提高活性没有丝毫意义。

仅就钒氧化物催化剂而言，多数的研究集中在以 TiO_2 作载体，近年来人们开始尝试其他催化剂载体，改进制备方法，通过获得特殊的载体表面结构来提高催化剂的各项性能。

黄张根等人用工业半焦处理制得 AC 载体，考察 SO_2 和 H_2O 对 V_2O_5/AC 催化剂还原 NO 性能的影响。结果显示：无硫时，水对催化剂活性的影响相对较小，可认为是由竞争吸附所引起。但 SO_2 的影响则呈现迥异的双面性：与 H_2O 共存时，催化剂活性大幅下降；无水时，NO 转化率则随 SO_2 的加入由初始的 60％上升至 92％，并保持稳定。究其原因，可能是由于 SO_2 在催化剂表面形成了 SO_4^{2-}，增强了催化剂表面活性位的酸性，提高了吸附还原剂 NH_3 的能力，从而促进了 NO 的还原；而抑制作用则归咎于 SO_2 与水共存时所产生的硫酸盐粒子，在反应过程中，形成的硫酸盐颗粒不断沉积在催化剂表面，覆盖了表面活性位而导致催化剂活性下降。

Valdés-Sol′ýs T. 等制备了 AC/C（活性炭/蜂窝堇青石）整体催化剂载体，浸渍法负载钒、锰作为活性组分。实验结果显示，在 125℃附近的催化性能优于已报道的同类催化剂；动力学测试的反应动力学常数也大于前人的文献报道。

同时溶胶—凝胶法制备的 V_2O_5-TiO_2-SiO_2 催化剂，与传统的 V_2O_5-TiO_2 催化剂相比，其活性、选择性都有很大提高。最佳 NO 转化率出现在 350℃，达 90％；该系列催化剂 350℃以下的 N_2 选择性也都始终保持在 98％以上；但低温活性仍不够理想。

此外，还有学者尝试在钒氧化物催化剂上负载贵金属。Macleod N. 等在 Pd/V_2O_5 和 Pd/TiO_2 的研究基础上继续探讨了 $Pd/V_2O_5/Al_2O_3$ 催化剂在 H_2—NO—O_2 反应系统中的活性：在 250℃附近，NO_x 的转化率和 N_2 选择性均达最大值，分别为 90％和 80％。在 DRIFTS 分析中，均观测到了 NH_x 物种，其中尤以 NH_4^+ 居多；而低温反应条件下，催化剂活性极低，200℃时 NO_x 转化率仅有 10％左右。

钒氧化物催化剂的低温活性问题成了一道极难逾越的障碍，尽管长期以来各国的研究人员尝试了多种活性组分配比，采用各式各样不同的制备方法和催化剂载体，也测试了不同的催化剂载体，进行了大量的实验研究，却始终没有取得突破性进展。

B　锰氧化物催化剂

近年来，关于锰氧化物催化剂的研究频频见诸于文，并有部分催化剂显示出了非常好的低温活性。

用浸渍法制备的MnO/Al_2O_3催化剂在无SO_2和H_2O条件下，150℃时NO转化率可达72%，但其稳定性不佳，前50 h内的转化率下降较快，之后逐渐稳定在40%左右。

Tae S. P. 等人研究了天然锰矿石在100～450℃范围内的SCR特性，并与MnO_2和MnO_2/Al_2O_3对比。实验结果显示，MnO_2的低温活性最优，100℃时活性仍能保持在75%左右，但150℃之后活性逐渐变弱，350℃时降至50%；MnO_2/Al_2O_3在100℃时活性仅为50%左右，200～300℃内，NO_x完全转化，高温阶段活性较为稳定；锰矿石的活性表现介于两者之间，120℃就可以得到较高的活性，150～250℃时转化率达100%。

值得关注的一点是：在高温条件下（大于300℃），预硫化处理的锰催化剂的活性要优于新鲜的催化剂，即尾气中的SO_2有利于提高NO_x转化率；而在低温条件下（小于200℃），实验结果恰恰相反。许多学者的实验研究中都有类似的表述和实验验证。通常我们认为SCR反应在低温条件下，尾气中的SO_2能使催化剂表面生成硫酸盐，使具催化活性的金属氧化物活性位减少，直接导致NO_x转化率下降。而高温下，一方面催化剂表面的活性金属组分会被硫化而失效，另一方面还原剂NH_3的直接氧化加剧，二者都会导致NO_x还原速率下降，但主要的因素是后者；同时，由于SO_2的影响使催化剂表面酸性增加，有利于还原剂NH_3的吸附。综合两种因素的影响，高温反应条件下SO_2的存在反而利于NO_x的催化还原。

F. Kapteijn 等人曾以纯锰氧化物为催化剂，用NH_3选择性催化还原NO。发现无载体催化剂的催化活性和N_2选择性是由催化剂的氧化态和结晶程度决定的，其中Mn_2O_3的活性和选择性最高，且反应产物的N_2选择性随温度的上升而下降，这与大多数相关研究报道一致。

在锰氧化物催化剂的低温催化活性研究方面，R. T. Yang 等人开展了较多的研究，其制备的催化剂低温性能良好，并对MnO_x-CeO_2催化剂展开了一系列的制备方法、活性、影响因素及机理研究。他们所制备的 Mn-Ce 混合氧化物催化剂在高空速实验条件下，仍可在 100～150℃范围内保持几乎 100％的 NO_x 转化率；当进气通入高浓度 SO_2 和 H_2O 时，活性几乎无影响。表 1-7 为 R.T.Yang 的部分催化剂活性数据

表 1-7　R.T. Yang 的部分催化剂活性数据

催化剂	反应温度/℃	NO 转化率/%	N_2 选择性/%	反应条件
$MnO_x(0.3)$-$CeO_2(650)$①	80	82	99.3	催化剂 0.2 g He 作载气 气体总流量 100 mL/min 空速 $4.2\times10^4 h^{-1}$ $\varphi_{NH_3}=\varphi_{NO}=0.1\%$ $\varphi_{O_2}=2\%$
	100	94	97	
	120	98	93	
	150	99	89	
$MnO_x(0.4)$-$CeO_2(650)$②	100	74	100	
	120	87	99.5	
	150	92	99	
	180	94	98	

① 柠檬酸法制备；② 共沉淀法制备。

由表 1-7 可见，R. T. Yang 等人用柠檬酸法制备的 $MnO_x(0.3)$-$CeO_2(650)$催化剂表现出了非常好的低温活性和选择性；此外，在 H_2O+SO_2 的影响研究中还发现，该催化剂在实验条件下持续反应 4 h，催化活性几乎没有下降，NO 转化率始终保持在 99％左右，当进气系统中停止加入 H_2O+SO_2 后，微弱的不利影响也随之消失。

基于实验研究结果和前人的文献报道，他们提出了 NH_3 在 MnO_x-CeO_2 催化剂上的催化还原 NO 反应机理：

$$O_2(g)\longrightarrow 2O(a) \tag{1-9}$$

$$NH_3(g)\longrightarrow NH_3(a) \tag{1-10}$$

$$NH_3(a)+O(a)\longrightarrow NH_2(a)+OH(a) \tag{1-11}$$

$$NO(g)+\frac{1}{2}O_2(g)\longrightarrow NO_2(a) \tag{1-12}$$

$$NH_2(a) + NO(g) \longrightarrow NH_2NO(a) \longrightarrow N_2(g) + H_2O(g) \quad (1\text{-}13)$$

$$OH(a) + NO_2(a) \longrightarrow O(a) + NHO_2(a) \quad (1\text{-}14)$$

$$NH_3(a) + NHO_2(a) \longrightarrow NH_4NO_2(a) \longrightarrow NH_2NO(a) + H_2O(g) \longrightarrow N_2(g) + 2H_2O(g) \quad (1\text{-}15)$$

SCR 反应过程中,气态 NH_3 分子吸附到催化剂表面,生成吸附态 NH_3、NH_2 及 OH;而 NO 则被氧化成 NO_2;随即,吸附态物质之间及与气态 NO 反应生成硝酸盐和亚硝酸盐;硝酸盐和亚硝酸盐分解生成 N_2。其中反应式 1-13 是众多钒、锰类催化剂研究报道中都曾提及的典型催化反应机理。

在其进行的 FTIR 原位检测中,由于中间反应极为迅速,未能检测到 NH_4^+,但理论分析认为,催化过程中形成 NH_4NO_2 物种是极有可能的,在高温反应条件下,N_2O 主要由 NH_4^+ 和硝酸盐反应生成。在众多已有的可能的 SCR 反应机理中,一致认为 NH_4NO_2 和 NH_2NO 是催化反应中的高活性中间体,易分解生成最终产物 N_2。此外,MnO_x/TiO_2 的原位 FTIR 研究显示:NO 在催化剂表面吸附后生成 NO^-、NOH 以及 NO_2;NO 和 O_2 同时吸附产生了多种不同配位结构的硝酸盐,且这些硝酸盐在含锰氧化物的催化剂表面上的热力学稳定性要远远小于在纯 TiO_2 表面上的稳定性,由此说明锰氧化物对 NO_x 具有良好的 SCR 活性。

C　其他金属氧化物催化剂

早期人们对金属氧化物催化剂的研究多集中于铜、铁等氧化物及其混合氧化物催化剂,其 de-NO_x 的催化活性均在中高温区域。现在仍有不少研究人员继续探索降低活性温度。

CuO/NiO 整体催化剂在 230℃ 时的 NO_x 转化率较高,可达 90%,处理后的尾气中 NH_3 体积分数仅为 0.001% 左右;而多步浸渍法制备的 CuO/Al_2O_3 只能在 300℃ 时能够保持 95% 左右的 NO 转化率,到 230℃ 时仅有 70% 左右;以 TiO_2 作载体制备的 CuO/TiO_2 最高转化率仅为 60% 左右(250℃),其 N_2 选择性约为 60%;引入 V_2O_5 组分后,虽然低温活性有所改善,但产物 N_2 选择性有所降低。

Pietrogiacomi D 分别用浸渍法和硫化法制备 $CuSO_4/ZrO_2$ 催化剂，但得到的催化剂结构几乎是一样的。在 200～320℃，NO 还原的 N_2 选择性几乎达 100%；但 SCR 高活性区域只分布在高温区（>300℃），低温区域几乎没有什么活性：此外，当其中 $CuSO_4$ 成分增加时，催化剂表面的 Lewis 酸位、B 酸位的数量及 SCR 活性均随之增加。

Ramis G 用 FTIR 分析了 Fe_2O_3/Al_2O_3 上 NH_3 选择性催化还原 NO_x 的反应中 NO 和 NH_3 的吸附、反应机理：认为由 NH_3 分子分解生成的 NH_2 是主要的活性中间体，与 NO 反应生成 NH_2NO，随后分解生成 N_2，完成 NO 的催化还原。

此外，还有学者研究了 Fe-Mn 混合氧化物，Fe-TiO_2-PILC 等氧化物催化剂，其最高活性大都是出现在 250℃左右，甚至更高的温度区域。

1.5.2.4 碳基催化剂的研究

近年来，不少学者尝试以各种炭质材料作为载体负载金属氧化物制备碳基催化剂，均显示出了较好的低温 SCR 活性。表 1-8 列出的部分炭质材料载体催化剂研究情况，催化剂低温活性较高，起活温度小于 150℃，在 220～250℃之间 NO 可几乎完全转化为 N_2，同时具有较好的稳定性。其载体的制备过程和活化方式对最终的催化活性影响较大。以 Nomex 纤维为前体制备的炭载体，经浸渍制备的 MnO_x/AC 整体催化剂在 150℃时就可获得 85% 的 NO 转化率；该催化剂的抗硫、水性能均较突出。此外，日本还有学者研究在室温下，使用炭纤维载体浸渍尿素溶液催化还原空气中的 NO_2，并取得了较好的催化效果。

表 1-8 部分炭质材料载体催化剂研究情况

催化剂	炭载体前体	起活温度/℃	NO 转化率/对应温度/还原剂	数据来源
V_2O_5/AC	工业半焦	150	约 100%/250℃/NH_3	Huang Z G, et al. 2002; Zhu Z. P, et al. 1999a, 1999b

续表 1-8

催化剂	炭载体前体	起活温度/℃	NO转化率/对应温度/还原剂	数据来源
$CuO\text{-}Fe_2O_3/AC$	A-572	-	约100%/220℃/CO	Jurczyk K, et al. 1998
Mn_2O_3/AC	活性炭纤维	约100	93%/150℃/NH_3	Yoshikawaa M, et al. 1998
炭纤维	聚乙烯基纤维	<100; 250①	约75%/400℃/NH_3	Muñiz J, et al. 1999,2000
Cu/AC Fe/AC	酚醛树脂	100 145	约100%/220℃/NH_3 80%/200℃/NH_3	Teng H. S, et al. 2001
MnO_x/AC	Nomex废料纤维	-	约85%/150℃/NH_3	Marbán G, et al. 2001a, 2001b
V_2O_5/AC	石油焦、煤焦	约150	-/-/NH_3	La´zaro M.J, et al. 2004

① 100℃转化率达60%,之后随温度上升而下降,至250℃又恢复至50%。

综上所述,低温NH_3-SCR技术在工业实际应用中,要求催化剂具有良好的低温活性、N_2选择性和稳定性。多数催化剂仅在短时无硫、水条件下的活性还较理想,但在长时、含硫、水的条件下,催化剂稳定性很差,尤其是在低温反应条件下。单依靠活性组分配方的改变很难获得高活性的催化剂,不同载体和催化剂前体的使用,以及制备方法和工艺,都将对最终的催化剂的活性、产物选择性等产生影响。其中以锰基催化剂和炭质材料为载体的催化剂具有较好的研究和开发应用前景。

1.6 低温SCR技术研究的意义和内容

1.6.1 研究目的及意义

就我国目前固定源燃烧装置的现状而言,采用低温NH_3-SCR技术是最经济适合的选择,高效低费,易于推广,突出的难点就是催化剂的低温活性问题。因此,一方面,研制开发与之匹配的低温高效、性能稳定的SCR催化剂成为该技术研究领域的一大热点;另一方面,该技术的成功应用蕴涵着巨大的经济效益和环境效益。

作为国家自然基金重点项目《低温选择性催化还原 NO_x 技术及反应机理的研究》(No. 20437010)研究工作的一部分，我们针对目前 NO_x-SCR 催化剂低温活性不高等主要问题，以固定源尾气为研究对象，以 NH_3 为还原剂研究低温条件下 NO_x 的选择性催化还原技术。研究目标是：研制出低温条件下(起燃温度：150℃)能有效净化 NO_x 并具有良好的抗 H_2O 和 SO_2 的催化剂，针对固定源尾气的特征，提出催化剂制备的最佳配方及 SCR 反应工艺条件，并通过催化剂和催化反应的原位表征技术，进一步阐明选择性催化还原 NO_x 的反应机理，为解决我国 NO_x 严重污染问题提供科学的理论依据，为低温净化 NO_x 的产业化提供技术支持。

1.6.2 研究内容

基于前述对相关各类催化剂特性以及反应机理的研究分析，结合研究目标，确定围绕低温活性较好的锰基催化剂开展研究，分别考察非负载型锰氧化物催化剂和负载型锰氧化物催化剂。

本书主要的研究内容有以下几个方面：

(1) 建立完善的实验测试系统；

(2) 分别考察非负载型金属氧化物催化剂和负载型金属氧化物催化剂的低温 SCR 活性；

(3) 考察不同制备方法对催化剂活性的影响，确定最佳制备工艺；

(4) 系统考察 O_2 浓度、NO_x 浓度、还原剂用量(NH_3 浓度)、催化剂焙烧条件、载体类型、活性组分负载量、H_2O 和 SO_2 等因素对催化活性的影响；

(5) 通过元素掺杂(Ce、Zr、Fe、Cu、V 等)进行催化剂改性，以期改进催化剂的低温活性和稳定性等；

(6) 通过 BET、XRD、TEM、SEM、TPD 等表征分析手段对各催化剂物化特性、物相结构、表面特性等进行系统研究；

(7) 以活性测试和物性表征数据为基础，通过 DRIFTS 对锰基催化剂上的 NH_3 选择性催化还原 NO_x 反应机理进行初步探讨。

2 实验系统与实验方法

2.1 实验系统

2.1.1 催化剂活性评价系统

催化剂活性评价在自制的管式固定床反应器上完成，评价系统主要分为：配气系统、反应系统、分析测试系统三大部分。实验系统流程如图 2-1 所示。

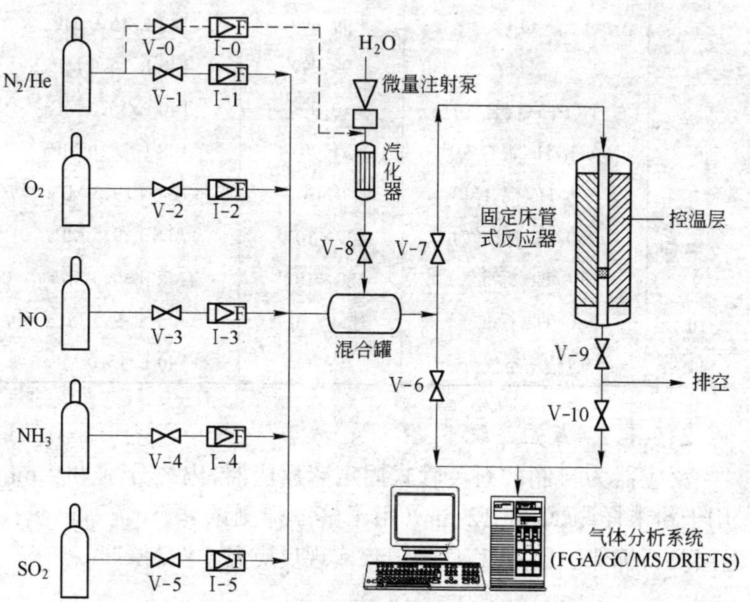

图 2-1 实验系统流程图

V—电磁阀；I—质量流量计

2.1.1.1 配气系统

实验所用气源为钢瓶配气，由北京氦谱北分气体工业公司提供，其相关参数列于表 2-1。根据实验需求，各气体组分分别由热质式质量流量计控制相应流量（所有流量计均经过皂沫流量计校准），经混合罐充分混合后再进入石英管式固定床反应器，在催化剂床层上反应后排空。另外，在考察 H_2O 对 SCR 反应的影响实验中，采用微量注射泵精确控制 H_2O 的添加量，部分载气由旁路携带经汽化器完全汽化后的水蒸气，一同进入混合罐并与其他气体组分混合。

表 2-1　实验使用气体规格参数

序　号	气体成分	浓度/%	规　格
1	He	99.999	T40 L/15.0 MPa
2	N_2	99.999	T40 L/15.0 MPa
3	O_2	99.999	T40 L/15.0 MPa
4	H_2	99.999	T40 L/15.0 MPa
5	NO/He（混合气）	0.99	T40 L/15.0 MPa
6	NH_3/He（混合气）	1.00	Al 8 L/10.0 MPa
7	SO_2/He（混合气）	0.494	Al 8 L/9.5 MPa
8	NO/He（标准气）	837×10^{-6}	Al 8 L/9.5 MPa
9	NO_2/He（标准气）	480×10^{-6}	Al 8 L/9.5 MPa
10	N_2O/He（标准气）	51.4×10^{-6}	Al 8 L/9.5 MPa
11	清洁空气	-	T40 L/15.0 MPa

2.1.1.2　反应系统

反应器为自制的石英管式固定床反应器，内径分别为 9 mm（用于粉末样测试）和 12 mm（用于整体样测试）。外覆有电热控温层及石棉保温层，由程序控温仪实现反应温度控制。

2.1.2　实验使用仪器及设备

本研究中，反应器进、出口气体中各组分浓度均采用在线监测，主要检测设备为表 2-2 中所列的 1～5 项设备，有关工作原理等简要介绍如下。

表 2-2 实验主要仪器设备一览表

序 号	仪器名称	规格型号	生产厂家
1	烟气分析仪	KM-9106	英国 Kane
2	氮氧化物分析仪	High level-42C	美国 Thermal
3	气相色谱	GC-17A	日本岛津
4	四极质谱	GSD 301	德国 Pfeiffer-Vacuum
5	原位傅里叶红外光谱	Nicolet Nexus	美国 Thermo
6	旋转蒸发仪	RE-52A	上海亚荣
7	箱式电阻炉	SX2-5-12	天津中环实验电炉厂
8	恒温鼓风干燥箱	DHG-9070A	上海圣欣科技
9	多头磁力加热搅拌器	HJ-6A	浙江国华
10	管式电阻炉	SKZ-2-12	北京电炉厂
11	微量注射泵	WZ-50C2	浙大医学仪器
12	恒流泵	BT-100	上海沪西
13	低噪空气泵	GA5000A	北京中兴
14	循环水式多用真空泵	SHB-Ⅲ	郑州长城科工贸
15	超声波清洗机	SB5200D	宁波新芝
16	电子天平	JA2003	上海精科
17	压片机	FW-4A	天津市光学仪器厂
18	快速混匀器	SK-1	江苏金坛荣华仪器
19	酸度计	DELTA-320	瑞士 Mettler
20	质量流量计	D07 系列	北京七星华创
21	温控仪	CKW-Ⅲ	北京朝阳仪表厂
22	行星球磨机	QM-ISP04	南京大学仪器厂
23	微波炉	KD21B-BF	广东美的

2.1.2.1 烟气分析仪(Kane KM9106)

采用英国 Kane KM9106 烟气分析仪(Flue Gas Analyzer)测量气体中的 NO、NO_2、NO_x、SO_2、O_2 含量。其技术参数列于表 2-3。如图 2-2 所示为 Kane KM9106 烟气分析仪。

表 2-3　Kane KM9106 烟气分析仪技术参数

气体组分	分辨率	精度	测量范围
NO	1×10^{-6}	$<100\times10^{-6}$：$\pm5\times10^{-6}$ $>100\times10^{-6}$：$\pm5\%$	0~0.5%
NO_2	1×10^{-6}	$<100\times10^{-6}$：$\pm5\times10^{-6}$ $>100\times10^{-6}$：$\pm5\%$	0~0.1%
NO_x	1×10^{-6}	NO_x ══ $NO+NO_2$	
O_2	0.1%	−0.1%~+0.2%	0~21%
SO_2	1×10^{-6}	$<100\times10^{-6}$：$\pm5\times10^{-6}$ $>100\times10^{-6}$：$\pm5\%$	0~0.5%

图 2-2　Kane KM9106 烟气分析仪

2.1.2.2　氮氧化物分析仪(Thermal High Level 42C)

此外，本研究中还采用 Thermal 的 High Level-42C 氮氧化物分析仪(NO_x Analyzer)，如图 2-3 所示为 Thermal High Level-42C 氮氧化物分析仪，对反应系统中的 NO、NO_2、NO_x 浓度进行了对照测量。

该分析仪采用经典的化学发光法原理，性能稳定，选择性好，操作简单，响应快，精度高。其工作原理如图 2-4 所示：仪器抽取的样气先经过颗粒物过滤器过滤，再经毛细管限流后进入三通阀，三通阀控制样气直接进入反应室(测量 NO)或是经转换炉(将 NO_2 转换成 NO)后再进入反应室(测量 NO_x)。在反应室内，NO

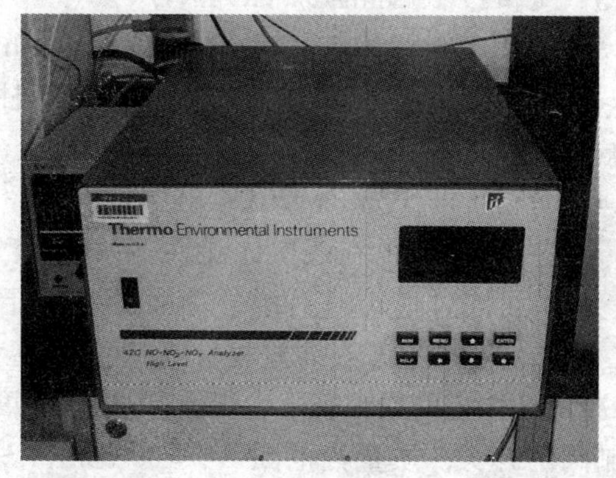

图 2-3　Thermal High Level-42C 氮氧化物分析仪

与干燥的 O_3 反应生成 NO_2，并放出光子。在反应室之前采用设计独特的流量传感器测量总采样流量。42C 的设计采用反应室和单光电倍增管，以自动循环转换方式进行 NO 和 NO_x 的测量。从光电倍增管出来的信号经预处理后被送入微处理器进行分析、补偿的计算，最后得出 NO、NO_2 及 NO_x 输出值。由于采用微处理器进行算法处理，无论样气中的 NO 和 NO_2 变化多频繁，仪器均可得出较精确的测量结果。

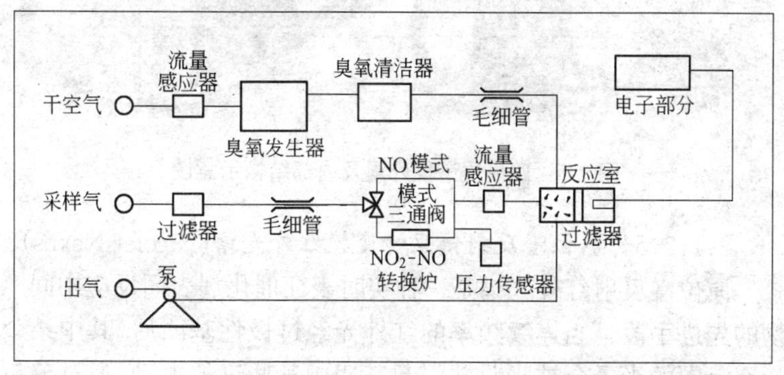

图 2-4　Thermal High Level-42C 氮氧化物分析仪工作原理示意图

2.1.2.3 气相色谱(Shimadzu GC-17A)

用日本岛津 GC-17A 气相色谱(Gas Chromatograph)分析检测尾气中的 N_2O、NH_3(Paraq 柱)和 N_2(0.5 nm 分子筛柱),评价催化剂的产物选择性。

2.1.2.4 四极质谱(Pfeiffer VCUUM)

OmniStar 是一种小型的在线质谱,能可靠的分辨未知气体,可实现定量分析,可同时测试 64 种组分,检测极限大于 1×10^{-6},几乎无记忆效应, 快速响应,在线过程检测,气体的定量分析,即使对于可冷凝的气体它的检测极限也很低,可控制温度的进气管道,软件控制阀门开关。质量数范围:1～100 aum,1～200 aum,1～300 aum,可以在常压(即 1000 mbar)下工作。

本研究中使用四极质谱完成部分催化剂的活性评价和 TPD 实验工作:在线监测反应器出口气体组分的组成及浓度变化情况。如图 2-5 所示为四极质谱仪外观及内部结构示意图。

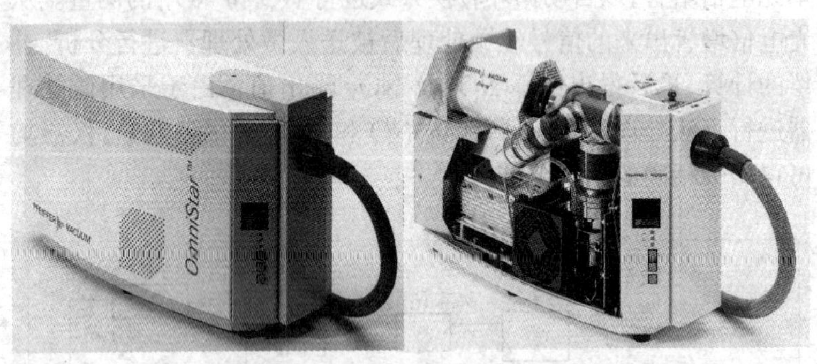

图 2-5 四极质谱仪外观及内部结构示意图

2.1.2.5 原位漫反射傅里叶变换红外光谱(Nicolet Nexus)

原位漫反射红外光谱是一种实时表征催化剂表面反应中间产物的先进手段。当连续频率的红外光经过极性基团后,其中某个频率范围的光子会被吸收并引起基团中某些键的振动,通过分析红外光的吸收情况可以获得基团相关的信息,如图 2-6*a* 所示。采用上述思路，反应开始前可以将红外光照射在催化剂上，并记录其漫反射光的光谱（即背景光谱）；在反应过程中再记录类似过程的反射光谱（即试样光谱），将试样光谱减去背景光谱即可以获得反应中催化剂表面各中间物种光吸收的信息，如图 2-6*b* 所示，通过红外光谱中吸收峰的位置和强度可以确定中间物种的种类和数量，进一步分析催化反应的微观途径。

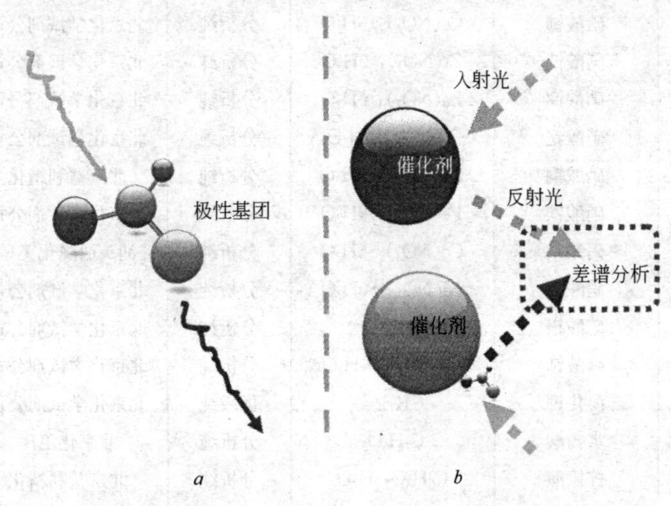

图 2-6 原位漫反射傅里叶红外光谱法工作原理图

在本论文中催化剂表面反应中间物种通过附带漫反射原位池和高灵敏度 MCT 检测器的 Nicolet 傅里叶红外光谱仪进行分析。催化剂粉末试样直接置于原位池的样品台内并压实，反应前于 200℃ 经过 N_2 和 O_2 吹扫 60 min 除去表面杂质。反应气体以 N_2 为平衡气，直接进入红外光谱仪的原位池与催化剂作用，反应气体组成及流量与活性测试相同。除特别指明外，试样（包括背景）采样时间间隔为 30 min。红外光谱仪采样分辨率为 4 cm^{-1}，扫描数为 100。

2.2 实验材料

实验过程所需的主要化学药品及试剂见表2-4。

表 2-4 实验所需主要化学药品及试剂

序号	名　称	分子式	规格	生产厂家
1	硝酸锰(50%溶液)	$Mn(NO_3)_2$	分析纯	北京化工厂
2	醋酸锰	$Mn(CH_3COO)_2 \cdot 4H_2O$	分析纯	北京化学试剂公司
3	硝酸铈	$Ce(NO_3)_2 \cdot 6H_2O$	分析纯	北京化学试剂公司
4	硝酸锆	$Zr(NO_3)_4 \cdot 6H_2O$	分析纯	北京化学试剂公司
5	硝酸镧	$La(NO_3)_3 \cdot 6H_2O$	分析纯	北京化学试剂公司
6	硝酸钇	$Y(NO_3) \cdot 6H_2O$	分析纯	北京化学试剂公司
7	硝酸铜	$Cu(NO_3)_2 \cdot 3H_2O$	分析纯	北京益利精化
8	硝酸铁	$Fe(NO_3)_3 . 9H_2O$	分析纯	北京化学试剂公司
9	硝酸钴	$Co(NO_3)_2 \cdot 6H_2O$	分析纯	汕头西陇化工厂
10	硝酸镍	$Ni(NO_3)_2 \cdot 6H_2O$	分析纯	北京化学试剂公司
11	硝酸银	$AgNO_3$	分析纯	北京化学试剂公司
12	硫酸铈	$Ce(SO_3)_2 \cdot 4H_2O$	分析纯	北京化学试剂公司
13	溴化钾	KBr	优级纯	北京化学试剂公司
14	水杨酸	$C_7H_6O_3$	分析纯	北京化工厂
15	柠檬酸	$C_6H_8O_7 \cdot H_2O$	分析纯	北京益利精化
16	三氧化二铋	Bi_2O_3	分析纯	北京化学试剂公司
17	偏钒酸铵	NH_4VO_3	分析纯	北京化学试剂公司
18	重铬酸钾	$K_2Cr_2O_7$	分析纯	北京化学试剂公司
19	高锰酸钾	$KMnO_4$	分析纯	北京化学试剂公司
20	氯铂酸	$H_2PtCl_6 \cdot 6H_2O$	分析纯	北京化学试剂公司
21	二氧化钛	TiO_2	分析纯	北京化学试剂公司
22	酚醛树脂	-	-	北京普林大业化工
23	聚乙二醇	$HO(CH_2CH_2O)_nH$	日本进口分装	北京化学试剂公司
24	乙醇	CH_3CH_2OH	分析纯	北京现代东方
25	丙酮	CH_3COCH_3	分析纯	北京现代东方
26	磷酸	H_3PO_4	分析纯	北京现代东方
27	硝酸	HNO_3	分析纯	北京现代东方

2.3 实验研究技术路线

实验技术线路如图 2-7 所示。

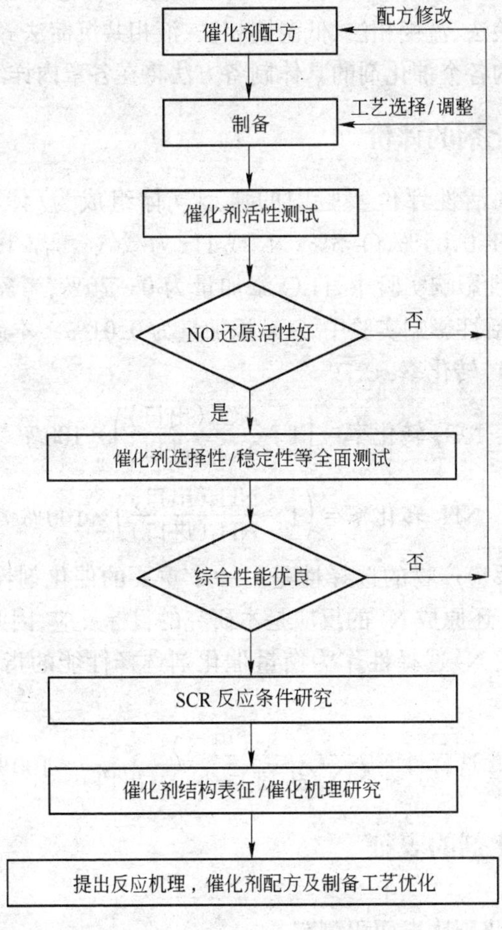

图 2-7 实验技术线路图

2.4 催化剂的制备

本文所制备的催化剂可分为负载型和非负载型两大类。负载型催化剂包括：MnO_x/TiO_2、MnO_x/AC、$MnO_x/AC/C$，均采用浸渍法负载活性组分；非负载型催化剂主要为锰基金属氧化物催化剂，包括无定形的纯 MnO_x 催化剂和 Mn-Ce、Mn-Cu、Mn-Fe、Cu-Ce、Mn-Fe-Ce、Mn-Cu-Ce 等二元或三元金属氧化物催化剂，分别采用柠檬酸法、流变相法、低温固相法、液相共沉淀法等方法制备。不同类别的各个催化剂的具体制备方法将在各章内详细描述。

2.5 催化剂的评价

催化剂活性评价实验中的典型气体组成为(体积比)：NO 0.05%，NH_3 0.05%，O_2 3%，N_2 或 He 为载气；考察 H_2O 对催化剂 SCR 活性影响实验中，H_2O 添加量为 0～20%；考察 SO_2 对催化剂 SCR 活性影响实验中，SO_2 添加量为 0.01%。本研究采用下式计算 NO_x 转化率：

$$NO_x\text{ 转化率} = \left(1 - \frac{NO_x(\text{出口})}{NO_x(\text{进口})}\right) \times 100\% \tag{2-1}$$

$$NH_3\text{ 转化率} = \left(1 - \frac{NH_3(\text{出口})}{NH_3(\text{进口})}\right) \times 100\% \tag{2-2}$$

SCR 反应产物的选择性是另一个重要的催化剂性能评价指标，将 NO_x 还原成 N_2 的反应是本研究的目标反应，因此本文中将气相产物的 N_2 选择性作为衡量催化剂选择性能的指标，其计算方法为：

$$N_2\text{ 选择性} = \frac{N_2(\text{出口})}{NO_x(\text{进口}) - NO_x(\text{出口})} \times 100\% \tag{2-3}$$

2.6 催化剂的表征

2.6.1 催化剂比表面积测定

催化剂的 N_2-BET 比表面、孔径分布及孔体积测定在美国 Quantasorb NOVA 4000 高速自动比表面与孔隙度分析仪上进行，比表面测量范围大于 0.01 cm^2/g，孔径 0.35～200 nm。

催化剂比表面积采用 -196℃下，N_2 吸附法测定。采用二参数 BET 方程计算，即借助试验测得的相对分压与吸附质的质量关系，确定如下 BET 方程的斜率和截距参数：

$$\frac{1}{W[(p_0/p)-1]}=\frac{C-1}{W_m C}\times\frac{p}{p_0}+\frac{1}{W_m C} \tag{2-4}$$

式中 W——相对压力为 p/p_0 时吸附的吸附质质量，g；

p——吸附质分压力，mmHg；

p_0——吸附质饱和蒸汽压，mmHg；

W_m——以单分子层吸附的吸附质质量，g；

C——吸附质冷凝热和吸附热常数。

其中，斜率 $=\frac{C-1}{W_m C}$；截距 $=\frac{1}{W_m C}$，根据这两个参数可以得到单分子层吸附的吸附质质量 $W_m=\frac{1}{斜率+截距}$，并按下式计算出样品的总面积：

$$S_t=\frac{W_m N A_{cs}}{M_a} \tag{2-5}$$

式中 M_a——吸附质相对分子质量（N_2，28）；

N——阿伏伽德罗常数；

A_{cs}——吸附质分子的断面积，$(16.2\times10^{-20}\ m^2)$

最后，根据样品总面积和重量可得到样品的比表面。

2.6.2 XRD 物相分析

催化剂的物相结构分析采用日本理学 D/max-IIIA X 射线衍射分析仪，如图 2-8 所示，管电压 40 kV，管电流 120 mA，Cu 靶，$2\theta/\theta$ 耦合连续扫描，扫描角度 10°~90°，扫描速度 5°/min。

所有催化剂样品在测试前均需充分研磨，取适量粉体填充于玻璃载体上并压平，样品粉体厚度约 1 mm。其中对于整体催化剂，须将整个催化剂压碎，研磨混合均匀后再进行制样测试。

图 2-8 X 射线衍射分析仪

2.6.3 催化剂微观形貌观测

采用 JEOL 的 JEM 2010 高分辨透射电子显微镜(TEM),如图 2-9 所示,和 JSM 7401 高分辨扫描电镜(SEM),如图 2-10 所示,观测催化剂颗粒微观形貌和粒度;同时可对样品做电子衍射分析,考察催化剂颗粒的结晶状态。

JEM 2010:最大加速电压 200 kV,晶格分辨率:0.194 nm;最小束斑尺寸:0.5 nm; 最大放大倍数 1.5 M,样品台最大倾斜角:X= ±35°,Y= ±30°;EDS 元素范围:B5-U92。

JSM 7401:分辨率 15 kV,1.0 nm/kV,1.5 nm;加速电压 100 V~30 kV;最大放大倍数 1.0 M。

2.6.4 催化剂 XPS 分析

催化剂表面组元化学状态分析(XPS)在美国 PHI-5300/ESCA 型 X 射线光电子能谱仪上进行。采用位置灵敏度检测器(PSD),选用 Al/Mg 双阳极靶,能量分辨率 0.8 eV,灵敏度 80 KCPS,

图 2-9　JEM 2010 高分辨透射电子显微镜

图 2-10　JSM 7401 高分辨扫描电镜

角分辨率为 45°,分析室真空度 2.9×10^{-7} Pa。溅射条件为:扫描型 Ar+ 枪,面积 8 mm × 8 mm,溅射速率约为 4 nm/min,能量为 3.0 kV,发射电流为 25 mA。

2.6.5 程序升温脱附(TPD)

程序升温脱附方法是把预先吸附了某种气体分子的催化剂,在程序加热升温下,通入稳定流速的气体(通常为惰性气体,如 He 气),使吸附在催化剂表面上的分子在一定温度下脱附出来,随着温度升高而脱附速率增加,经过一个最大值后脱附完毕而得到 TPD 曲线,如图 2-11 所示。TPD 曲线的形状、峰的大小和峰高对应的温度 T_m 等,均与催化剂的表面性质和反应性能有关。通过对 TPD 曲线的分析及其数据的处理,可以获得诸如表面吸附中心性质、浓度、脱附反应级数、脱附活化能等与催化剂表面性质相关的重要参数。

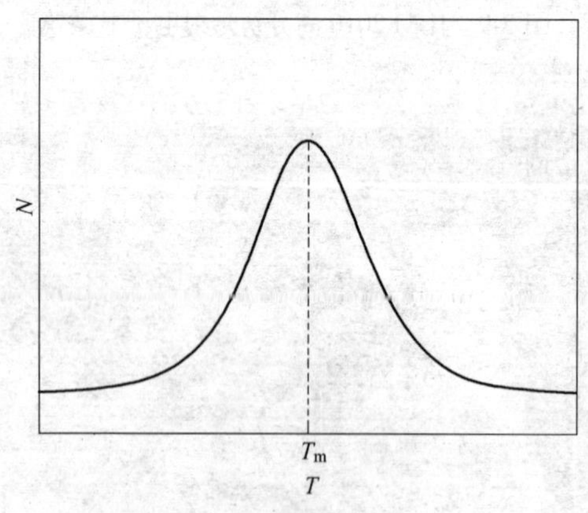

图 2-11 程序升温曲线

基于 TPD 曲线中脱附峰的面积 A_{des}(1×10^{-6}℃)通过下面的公式可以计算出单位质量催化剂上所吸附物种的量:

$$Q_{ads}=\frac{A_{des}\times Q_c}{22.4\ R_T\times m_{cat}} \tag{2-6}$$

式中 Q_{ads}——吸附物总量，μmol/g；

Q_c——吹扫气体流量，L/min；

R_T——升温速率，℃/min；

m_{cat}——所用催化剂质量，g。

通过 Q_{ads}可以对催化剂上反应气体的吸附进行定量分析。

程序升温脱附实验采用与活性评价相同的实验装置，粉体催化剂样品用量为0.5 g。将样品在反应气氛下200℃预处理1 h，然后冷却至室温，再通300 mL/min的0.05% NO/He 1 h，然后用He吹扫，直至尾气中 NO_x 的检测浓度小于0.001%。最后在He（或 $He+O_2$）气氛下，保持300 mL/min的气速，以10℃/min的升温速率由室温升至500℃进行程序升温脱附。

3 负载型金属氧化物催化剂

商业化的固定源 SCR 催化剂均为负载型整体催化剂，安装更换便捷，可根据现场实际情况灵活选择催化剂布置方式及使用量。工业上的常用载体为堇青石蜂窝陶瓷载体，如图 3-1*a* 所示，表层通常涂覆着具有巨大比表面积的 Al_2O_3 或 TiO_2 涂层；同时，也有部分催化剂载体直接采用 Al_2O_3 或 TiO_2 为原料，与适量的黏结材料（或同时掺入催化活性组分）等混合，一次成型制成蜂窝状整体催化剂，而无须再次涂覆。此外，不锈钢材料载体也是工业上使用的一类催化剂载体，如图 3-1*b* 所示，这类载体具有较好的强度和耐热性等，但造价昂贵。

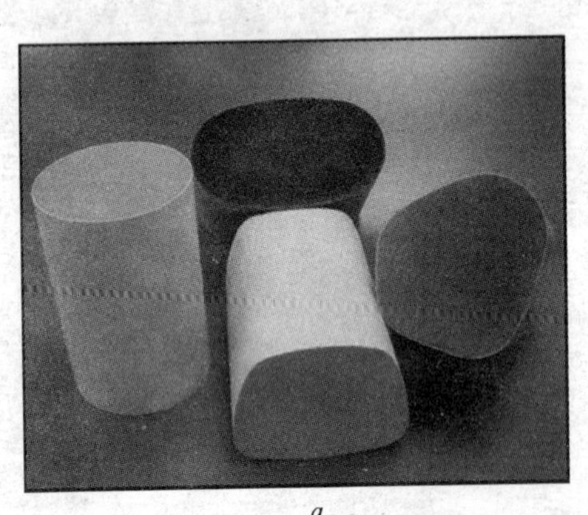

a

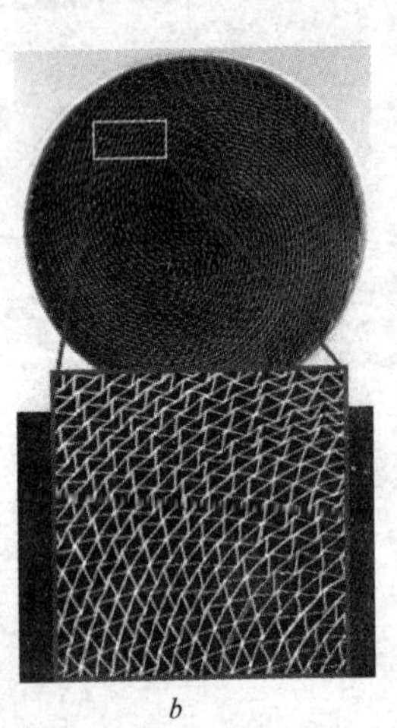

b

图 3-1　负载型催化剂载体

a—陶瓷堇青石蜂窝载体；*b*—不锈钢材料蜂窝载体

整体催化剂多以 V_2O_5/TiO_2（锐钛矿）混合 WO_3 或 MoO_3 作为活性组分，具有较好的催化活性和理想的抗硫性能，但活性温度窗口也较高(300～400℃),无法在净化系统末端应用。而采用浸渍法等制备的 MnO_x/TiO_2,MnO_x/Al_2O_3,MnO_x/AC 等锰基催化剂均显示出了优良的低温 SCR 活性,其活性温度窗口可降至 150～250℃以内。

因此在我们的研究中,尝试了以 TiO_2 和活性炭材料为催化剂载体,采用优化的工艺路线制备 MnO_x/TiO_2、MnO_x/AC 两类负载型催化剂,以期获得具有更为理想的低温活性的锰基负载型催化剂。在此基础上,还采用新法制备了覆碳堇青石蜂窝载体,通过湿法浸渍负载 MnO_x,得到了 MnO_x/AC/C 新型整体催化剂。围绕这些催化剂,系统地进行了结构表征和性能评价,考察了不同条件下催化剂的活性表现,并根据这些基础数据,对催化剂配方进行了优化调整,获得了较为理想的催化剂配方和 SCR 反应操作条件。

3.1 MnO_x/TiO_2 选择性催化还原 NO

3.1.1 实验部分

3.1.1.1 催化剂制备

用浸渍法制备不同 Mn 负载量的 MnO_x/TiO_2 催化剂。在 100 mL 去离子水中加入 2.0 g TiO_2,混合均匀;按比例加入一定量的硝酸锰或醋酸锰,充分搅拌,待完全溶解后浸渍 2 h;置于烘箱内 110℃干燥 10 h;然后在 400℃的空气中焙烧 2 h;经压片、过筛制成 40～60 目的 MnO_x/TiO_2 催化剂。为表述方便,以硝酸锰制备的催化剂记为:MN-MnO_x/TiO_2;以醋酸锰制备的催化剂记为:MA-MnO_x/TiO_2。

3.1.1.2 催化剂活性评价

如第 2 章 2.5 节所描述,催化剂评价在连续流动管式固定床反应器(内径 9 mm)中进行,催化剂用量为 0.5 g。模拟烟气的组成为:0.05% NO,0.05% NH_3,3% O_2,N_2 为平衡气,混合气体总流量为 300 mL/min,空速(GHSV)为 47000 h^{-1}。用烟气分析仪在线监测尾气的成分组成及含量。活性评价的温度范围为50～300℃。

3.1.1.3 催化剂表征

采用第 2 章 2.6 节所描述的表征手段对 MnO_x/TiO_2 催化剂进行了表征。

3.1.2 结果与讨论

3.1.2.1 Mn 负载量对催化剂活性的影响

如图 3-2 所示为不同 Mn 负载量对 MA-MnO_x/TiO_2 催化剂上 NO_x 转化率与反应温度的关系，采用浸渍法制备的系列 MA-MnO_x/TiO_2 显示出了较好的低温催化活性，100℃附近催化剂即可起活，150～200℃温度区间 NO_x 转化率几乎达 100%，之后催化活性随反应温度升高而下降。整个测试温度区域内，活性组分负载量对催化剂活性的影响并无明显的规律性变化。在 50～200℃的温度区间内，活性组分负载量的变化对其低温催化活性影响相对较小，仅在 100℃时有明显差别：负载 20% Mn 的催化剂活性最佳，NO_x 转化率达 69.5%；而负载 10% Mn 的催化剂活性仅有 46.4%。当反应温度升至 200℃之后，活性组分的负载量对催化剂的催化活性影响较为明显，Mn 负载量为 20% 的催化剂活性下降最快，其余活性水平接近。

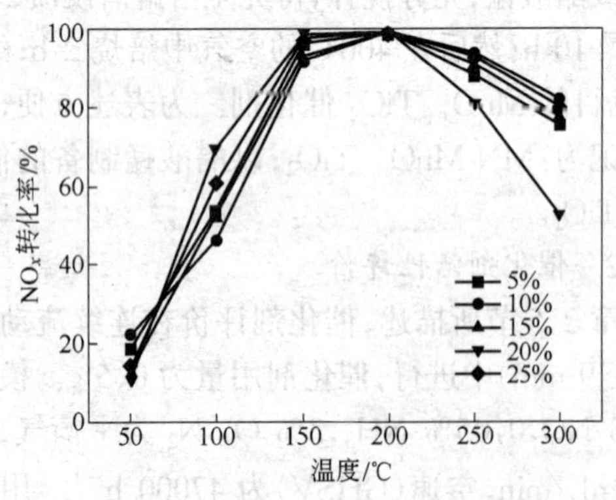

图 3-2　不同 Mn 负载量对 MA-MnO_x/TiO_2 催化剂上 NO_x 转化率与反应温度的关系

本研究中首要关注的是催化剂的低温活性，而在 50～200℃区间内，Mn 负载量为 20%时活性最佳，因此在后续的研究中我们均选用 Mn 负载量为 20%的催化剂。

3.1.2.2　不同前驱体的影响

如图 3-3 所示为采用不同前驱体制备的 MnO_x/TiO_2 催化剂活性对比。

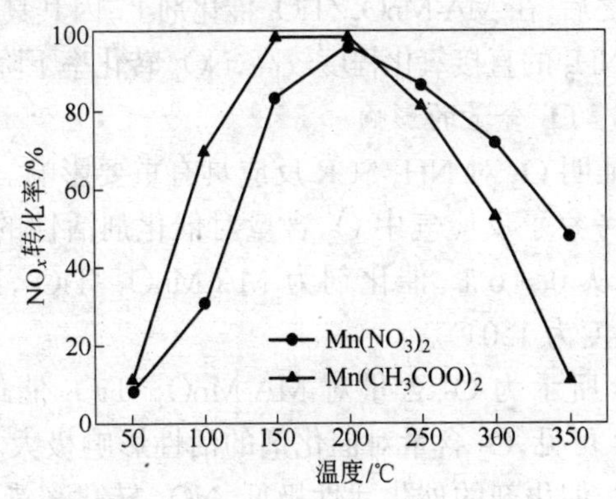

图 3-3　前驱体对催化剂活性的影响

在 50～200℃温度区域内，采用醋酸锰作前驱体所制备的催化剂低温活性明显优于以硝酸锰为前躯体制备的催化剂：50℃开始活性测试时，SCR 反应速度缓慢，两个催化剂活性差异极微；随反应温度升高，催化剂活性迅速增强，两者的活性差异亦逐渐增大，至 100℃时差别最大，在 MA-MnO_x/TiO_2 催化剂上 NO_x 转化率可达 70%，而在 MN-MnO_x/TiO_2 催化剂上仅能达到 32%；当温度升至 150℃后，MA-MnO_x/TiO_2 催化剂上 NO_x 转化率已接近 100%，而后者只有 83%；200℃后的情况则刚好相反，MA-MnO_x/TiO_2 催化剂的活性随反应温度升高而迅速下降，其下降趋势强于以 MN-MnO_x/TiO_2 催化剂。

初步分析，我们认为：由于醋酸锰的分子直径要大于硝酸锰，在同等浸渍负载条件下，其在 TiO_2 载体表面的分散度要高于 MN-

MnO_x/TiO_2 催化剂，经焙烧后，在载体表面所形成的锰氧化物颗粒团聚程度亦相对较小，使得单位表面上的活性位数量较多。因此，低温条件下，采用醋酸锰制备的催化剂活性要优于硝酸锰制备的催化剂。另外，由于锰氧化物本身具有较强的氧化性，且反应气氛为富氧环境，随着反应温度的升高，部分还原剂 NH_3 会被直接氧化而损耗，造成 SCR 反应中还原剂的量不足，影响 NO_x 的转化效率。所以，在 200℃之后，在 MA-MnO_x/TiO_2 催化剂上，因其具有更多的活性位而导致 NH_3 的直接氧化程度较高，NO_x 转化率下降较快。

3.1.2.3 O_2 含量的影响

研究已证明 O_2 对 NH_3-SCR 反应具有重要影响。因此，本节研究中同样考察了反应气中 O_2 含量对催化剂活性的影响，氧含量考察范围从 0～6%，催化剂为 MA-MnO_x/TiO_2，Mn 负载量 20%，反应温度为 150℃。

如图 3-4 所示为 O_2 含量对 MA-MnO_x/TiO_2 催化活性的影响。由图 3-4 可见，O_2 含量对催化剂的活性影响极大。当反应系统中无 O_2 时，催化剂的催化活性极低，NO_x 转化率尚不足 40%；当添加少量 O_2（0.5%）后，催化活性迅速提高，NO_x 转化率升至 86.6%；之后，随氧含量的增加催化剂活性上升渐缓，当 O_2 含量达 5%时，NO_x 转化率达到最大值 98.8%。

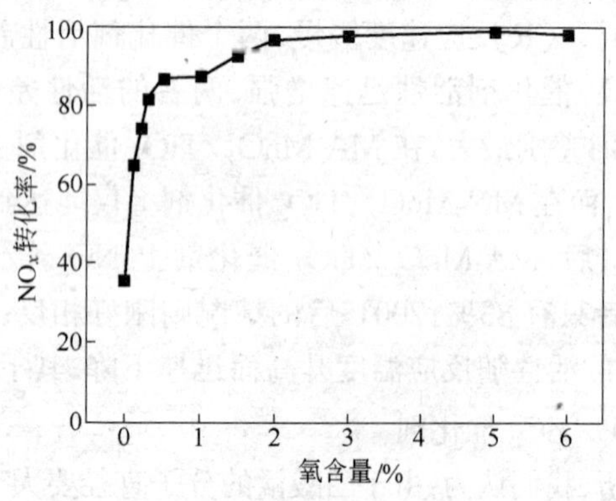

图 3-4 O_2 含量对 MA-MnO_x/TiO_2 催化活性的影响

已有的相关研究认为 O_2 在以 MnO_x 为活性组分的催化剂体系中主要有以下几个作用:

(1) 在气相中将 NO 氧化为 NO_2,后者更容易吸附于催化剂表面;

(2) 在氧化性的催化剂表面可加强 NO 的吸附,从而提高反应速率;

(3) 产生将 NH_3 中一个 H 脱除的活性中心;

(4) 再次氧化催化剂表面使催化循环结束。

结合本文的实验结果,我们认为 O_2 在 MnO_x/TiO_2 催化剂上最重要的促进作用是使 NO 氧化为低温活性更强的 NO_2,以及对还原剂 NH_3 的活化,使其转化为活性中间物种 NH_2,这一点在研究中有类似的描述。

3.1.2.4 H_2O 和 SO_2 的影响

由于实际烟气中还含有一定量的 SO_2 和 H_2O,因此有必要考察其在 SCR 反应过程中对催化剂活性的影响。图 3-5 所示为添加 0.01% SO_2 和 10% H_2O 后,催化剂活性随时间变化情况。催化剂为采用 MA-MnO_x/TiO_2,Mn 负载量 20%,反应温度 200℃,其余条件同 2.2 节。

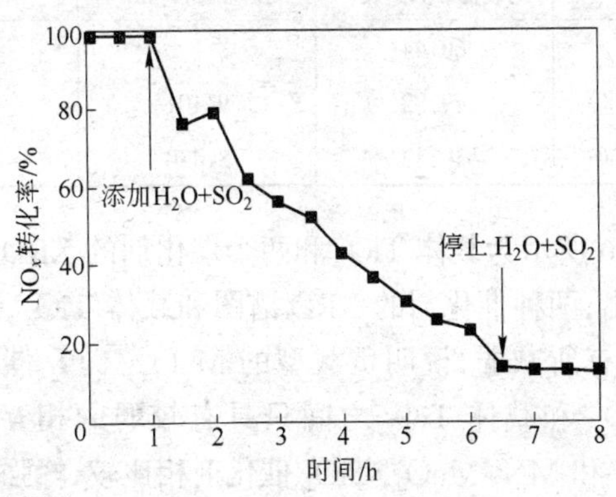

图 3-5 H_2O 和 SO_2 对催化剂活性的影响

如图所示,SO_2、H_2O 的存在能够抑制催化剂的催化活性,且该影响具有累积效应,随着 SO_2 和 H_2O 的持续加入,NO_x 转化率会持续下降,6 h 后催化剂活性仅剩 20%左右;当停止添加 SO_2 和 H_2O 时,催化剂活性不再下降,但在随后的 2 h 测试时间内催化剂活性并未出现恢复迹象。由此,我们推测催化剂表面可能生成了硫酸盐物种,导致催化剂表面活性位丧失活性。

3.1.2.5 催化剂表征

表 3-1 给出了 TiO_2 和以两种前驱体制备的催化剂的物理特性参数。由表可知,MN-MnO_x/TiO_2 催化剂的比表面积要大于载体 TiO_2;而 MA-MnO_x/TiO_2 催化剂比表面积相对较小,平均孔径和孔体积均是 MN-MnO_x/TiO_2>MA-MnO_x/TiO_2。结合前面的活性评价结果来看,虽然 MN-MnO_x/TiO_2 具有相对较大的比表面积,但活性却相对较低;MA-MnO_x/TiO_2 的比表面积比前者小了约 20 m^2/g,却具有更高的低温 SCR 活性。由此看来由本法制备的 MnO_x/TiO_2 催化剂上比表面积的大小并不是影响催化剂低温 SCR 活性的决定性因素。

表 3-1 催化剂物理特性参数

样　　品	比表面积/$m^2 \cdot g^{-1}$	平均孔径/nm	孔体积/$cm^3 \cdot g^{-1}$
TiO_2	60.44	-	-
MN-MnO_x/TiO_2	69.82	9.101	0.1589
MA-MnO_x/TiO_2	49.42	8.420	0.1040

如图 3-6 所示为载体 TiO_2 和两个催化剂的 XRD 谱图。由图 3-6 可以看出,两种催化剂的 XRD 谱图和载体 TiO_2 基本相同,但衍射峰强度有所减弱,说明负载型的 MnO_x/TiO_2 催化剂表面锰氧化物 MnO_x 和载体 TiO_2 之间只具有较弱的相互作用。MA-MnO_x/TiO_2 和 MN- MnO_x/TiO_2 催化剂相比较,峰强顺序为 MA-MnO_x/TiO_2>MN-MnO_x/TiO_2,说明 MN- MnO_x/TiO_2 催化剂上活性组分 MnO_x 与载体的相互作用要略强于 MA MnO_x/TiO_2。

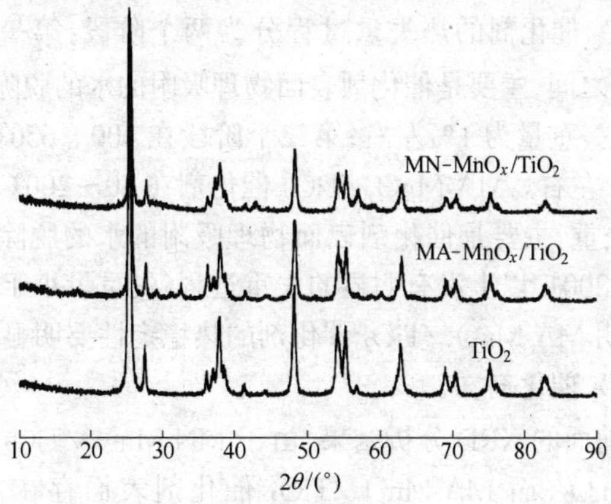

图 3-6 载体 TiO_2 和两个催化剂的 XRD 谱图

MN-MnO_x/TiO_2 和 MA-MnO_x/TiO_2 催化剂的 XRD 谱图也有明显不同。MN-MnO_x/TiO_2 催化剂分别在 2θ 为 37.3°、42.9° 和 57.0°处出现 MnO_2 的衍射峰;MA-MnO_x/TiO_2 催化剂在 2θ 为 18.1°、29.1°和 31.1°处出现 Mn_3O_4 的衍射峰,在 2θ 为 32.5°处出现 Mn_2O_3 的衍射峰。

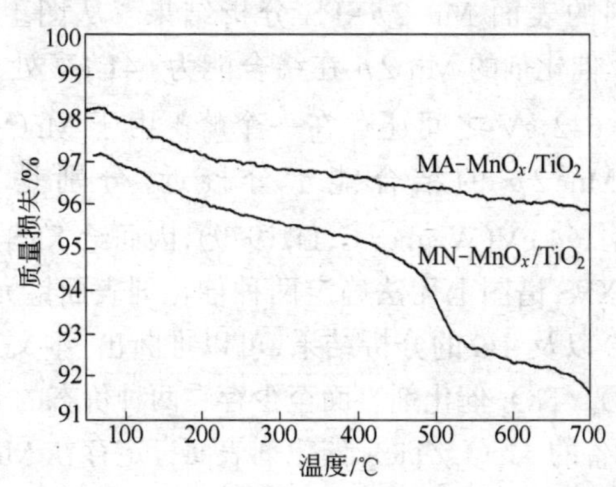

图 3-7 MnO_x/TiO_2 的热重分析

图 3-7 是 MnO_x/TiO_2 的热重分析。从图中可以看出，MN-MnO_x/TiO_2 催化剂的热失重过程分为两个阶段：第一个阶段在 50～400℃之间，主要是催化剂表面物理吸附的水的脱除和表面羟基的脱水，失重量为 1%左右；第二个阶段在 400～650℃之间，失重量为 3%左右。MA-MnO_x/TiO_2 催化剂在 50～200℃之间有大约 1%的失重，主要是催化剂表面物理吸附的水的脱除和表面羟基的脱水，200℃以上没有明显的失重过程(失重量小于 1%)。以上结果说明 MA-MnO_x/TiO_2 催化剂的热稳定性要明显高于 MN-MnO_x/TiO_2 催化剂。

结合前面的 XRD 分析结果，由于 MN-MnO_x/TiO_2 催化剂表面存在 MnO_2，而 MA-MnO_x/TiO_2 催化剂表面存在 Mn_2O_3 和 Mn_3O_4，MnO_2、Mn_2O_3、Mn_3O_4 的分解温度分别是 530℃、877℃和 1567℃。因此，MN-MnO_x/TiO_2 催化剂在 400～650℃之间存在的失重过程主要归因于表面 MnO_2 的分解。而 MA-MnO_x/TiO_2 催化剂在整个 TG 分析温度区间(50～700℃)内未出现明显因表面锰氧化物分解而带来的失重过程。

为进一步研究不同前驱体对 MnO_x/TiO_2 催化剂表面 MnO_x 价态的影响，采用 XPS 分析了表面 MnO_x 的价态分布。图 3-8 是不同催化剂的表面 Mn 2pXPS 分析结果。从图上可以看出，MnO_x/TiO_2 催化剂的 Mn 2p 在结合能为 641 eV 处存在一个主峰，在 641～642 eV 之间还存在一个峰。由于 MnO_2、Mn_2O_3 和 Mn_3O_4 中 Mn 2p 的结合能十分接近，分别是 641.1 eV、641.2 eV、641.4 eV(Wagner C.D,1979)，因而给 XPS 分析带来了困难，仅从 XPS 谱图上无法确定两种催化剂表面锰元素的价态。但结合 XRD 以及 TG 的分析结果，可以推断出：本文工作中制备的两种 MnO_x/TiO_2 催化剂表面至少存在两种价态的 MnO_x，其中以硝酸锰制备的 MnO_x/TiO_2 催化剂表面肯定存在 MnO_2，而采用醋酸锰制备的 MnO_x/TiO_2 催化剂表面肯定存在 Mn_2O_3 和 Mn_3O_4。

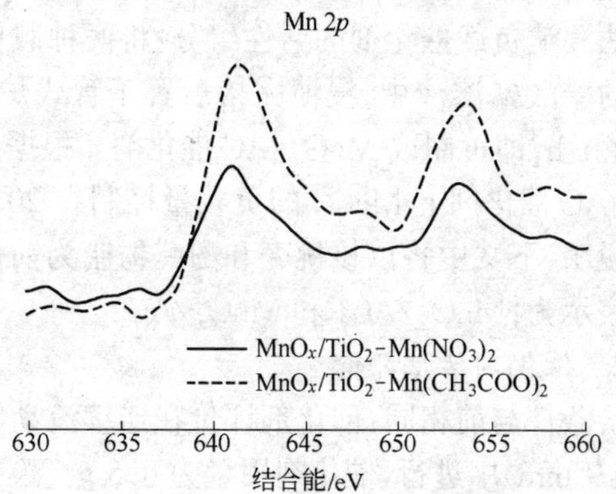

图 3-8 MnO_x/TiO_2 催化剂的表面 Mn2*p*XPS 谱图

3.2 MnO_x/AC 选择性催化还原 NO

3.2.1 实验部分

3.2.1.1 催化剂制备

采用了两种前体物自行制备了活性炭载体:核桃壳和酚醛树脂,具体制备步骤如下。

A 以核桃壳为前体物

将核桃壳进行适当破碎后,置于石英舟中,于管式炉内用 N_2 吹扫 1 h 后,在 N_2 气氛下 400℃ 焙烧 1 h;N_2 保护冷却至室温后取出,用 0.05 mol/L 的 NaOH 溶液浸渍 48 h 后再用去离子水洗涤 3~4次;再次放入管式炉中,以 N_2 为载气通入饱和水蒸气进行活化,400℃继续焙烧 1 h;N_2 保护冷却至室温后取出,用 40% 硝酸溶液浸渍,水浴加热至 40℃ 对活性炭酸化处理 1 h;随后用去离子水反复洗涤几次并烘干,即制 AC 载体。压碎过筛,取 40~60 目的活性炭颗粒用于下一步的活性组分浸渍。

B 以酚醛树脂为前体物

由于酚醛树脂为液体,因此,需先将液体状酚醛树脂固化制成小颗粒状。之后的制备步骤与前相同。

采用湿法浸渍负载催化剂的活性组分:将两种载体分别浸渍于一定浓度的醋酸锰溶液中;浸渍完毕后置于管式炉内用 N_2 保护 400℃焙烧 1 h,即可制成 MnO_x/AC 催化剂。根据前节的实验经验,MnO_x/AC 催化剂上 MnO_x 的负载量控制在 20%左右。为便于比较和说明,下文中将以核桃壳和酚醛树脂为前体物制备的催化剂分别表示为:MnO_x/AC1 和 MnO_x/AC2。

3.2.1.2 催化剂活性评价

活性评价条件与前相同:催化剂评价在连续流动管式固定床反应器(内径 9 mm)中进行,催化剂用量为 0.5 g。模拟烟气的组成为:0.05% NO,0.05% NH_3,3% O_2,N_2 为平衡气,混合气体总流量为 300 mL/min,空速(GHSV)为 47000 h^{-1}。用烟气分析仪在线监测尾气的成分组成及含量。活性评价的温度范围为 50~350℃。

3.2.1.3 催化剂表征

对 MnO_x/AC 催化剂进行了 BET 比表面积分析和表面金属氧化物的 XRD 分析。

3.2.2 结果与讨论

3.2.2.1 SCR 活性对比

采用两种方法制备的 MnO_x/AC 催化剂在实验条件下显示出了极为相似的 SCR 活性,50~350℃的测试温度区域内,两条活性曲线几乎重合。如图 3-9 所示为 MnO_x/AC1 与 MnO_x/AC2 催化剂的 SCR 活性。

本文制备的 MnO_x/AC 催化剂在 100℃附近起活,250℃左右到达最佳活性点,对应的 NO_x 转化率约为 88%;之后随反应温度升高,活性逐渐下降,350℃时活性仅有 50%左右。与 Yoshikawa 制备的 MnO_x/ACF 催化剂相比,低温活性水平存在一定差距,如图 3-10 所示为三种 MnO_x/AC 催化剂的低温 SCR 活性对比。50℃时,由于化学反应速度极慢,因此三种催化剂上的催化活性差

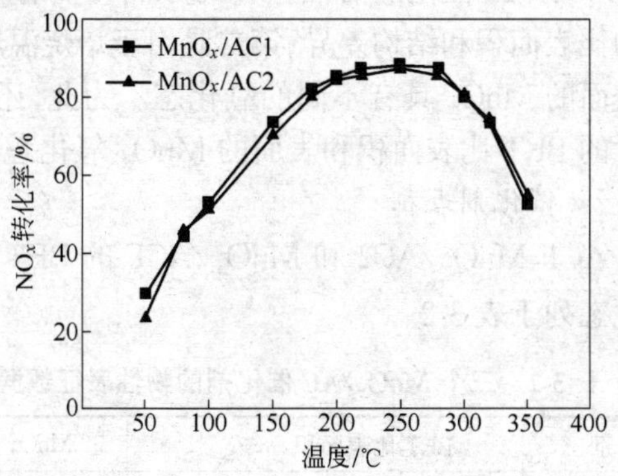

图 3-9　MnO$_x$/AC1 与 MnO$_x$/AC2 催化剂的 SCR 活性

异很小;温度升至 100℃时,MnO$_x$/ACF 的活性高出其他两个催化剂 10%;到 150℃时,MnO$_x$/ACF 上的 NO$_x$ 转化率达到 94%,与其他两个催化剂的活性差距增大至 20%。

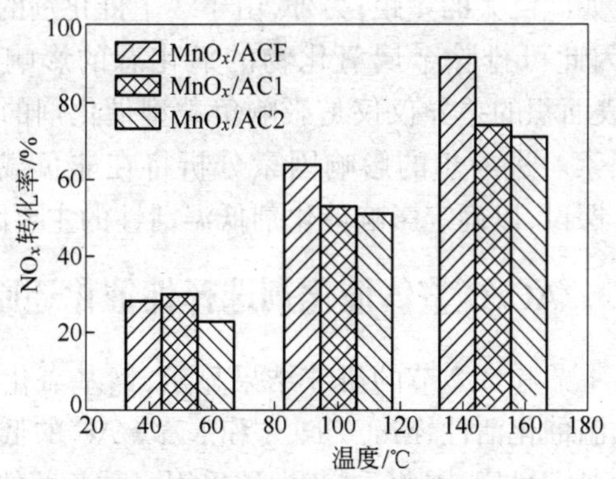

图 3-10　三种 MnO$_x$/AC 催化剂的低温 SCR 活性对比

对比三个催化剂的制备方法:均采用浸渍的方式负载活性组分;除活性炭载体本身有所差别外,MnO$_x$/ACF 是采用硝酸盐锰溶液浸渍,焙烧温度也较低,在 300℃焙烧制成。因此,我们推测

造成三个 MnO_x/AC 催化剂活性差异的原因可能有二：第一是活性炭载体的比表面积和结构差异；第二是由于焙烧温度的不同，使得催化剂表面的 MnO_x 具有不同的氧化态。为此，还需进一步对比分析三者的 BET 比表面积和表面的 MnO_x 氧化态等。

3.2.2.2 催化剂表征

MnO_x/AC1、MnO_x/AC2 和 MnO_x/ACF 的 BET 比表面积及主要的氧化态列于表 3-2。

表 3-2 三个 MnO_x/AC 催化剂的物性表征数据

催　化　剂	BET 比表面积/$m^2 \cdot g^{-1}$	MnO_x 主要氧化态
MnO_x/AC1	216	Mn_2O_3
MnO_x/AC2	237	Mn_2O_3
MnO_x/ACF	740	Mn_2O_3

由上表可知，相比而言，ACF 载体的比表面积远大于本文所制备的催化剂（约 3.2 倍），但是在活性测试温度区域内，其 SCR 活性并未有如此巨大的差距；另外，由于 3 个催化剂的活性组分均为 Mn_2O_3，因此可排除金属氧化物的氧化态的影响。由此可推测，载体比表面积的差异仅仅是影响负载型催化剂的低温活性的一个次要因素。进一步的影响因素分析将在非负载型的 MnO_x 催化剂上作探讨，以确定影响催化剂低温活性的主要因素。

3.3 MnO_x/AC/C 整体催化剂选择性催化还原 NO

本书 3.1 节和 3.2 节的研究结果显示，锰基氧化物催化剂具有良好的低温催化活性，MnO/TiO_2 和 MnO/AC 的低温活性均已达到预期的研究目标，因此，本节尝试采用一种新颖的载体制备技术制备整体催化剂，以考察整体催化剂的催化性能并进行优化。

3.3.1 实验部分

3.3.1.1 催化剂制备

覆碳堇青石载体（Active Carbon/Cordierite，AC/C）的制备：

(1) 堇青石蜂窝载体(Cordierite)经切割打磨,制成直径12 mm,长15~20 mm的圆柱形载体小样;

(2) 用40%硝酸溶液浸洗30 min,除去表面杂质;

(3) 调制酚醛树脂溶液(丙酮调整溶液黏度,便于涂覆均匀及调节树脂层负载量);

(4) 浸渍涂覆树脂,并用压缩空气吹脱载体孔道中的多余树脂,保持孔道通畅和表面均匀;

(5) 置于烘箱中110℃硬化30 min;

(6) 置于管式炉内用 N_2(或He)为保护气,进行炭化处理,400℃焙烧1 h;

(7) 向管式炉内通入饱和水蒸气,进行活化处理,400℃继续焙烧1 h;

(8) N_2(或He)气氛下自然冷却至室温,用40%硝酸溶液浸渍,水浴加热至40℃对碳层酸化处理1 h;

(9) 用去离子水反复洗涤几次并烘干,即制AC/C载体。

AC/C载体的碳层负载量可由酚醛树脂溶液的黏度和涂覆次数来控制,本文中碳层的负载量控制在15%~20%之间。

负载活性组分(两种方法):

(1) 采用湿法浸渍,根据负载量计算硝酸锰溶液浓度,经24~72 h的充分浸渍后取出,在110℃烘箱中干燥;N_2 或He气氛下,400℃焙烧1~2 h,使其表面形成具有催化活性的 MnO_x。(CuO/AC/C,Mn-Ce/AC/C,FeO_x/AC/C,Mn-Fe/AC/C等整体催化剂的活性组分负载均与此相同)

(2) 采用超声波辅助手段的湿法浸渍,可提高活性组分的负载量和分散度,其余步骤同(1)。

3.3.1.2 催化剂活性评价

催化剂活性评价在管径为12 mm的管式反应器中进行,模拟配气:0.05% NO,0.05% NH_3,3% O_2,N_2 为平衡气,混合气体总流量300 mL/min,空速(GHSV)为10610 h^{-1},用烟气分析仪在线监测尾气的成分组成及含量,活性评价的温度范围为100~

300℃。

活性炭层负载量计算公式：

$$L_{AC}=\frac{m_2-m_1}{m_1}\times 100\%$$

式中 m_1——堇青石载体质量；

m_2——碳化后载体质量。

为便于对比分析，本文中的活性炭层负载量均控制在15%～20%之间。

活性组分负载量计算公式：

$$L_M=\frac{m_{负载后}-m_{负载前}}{m_{负载前}}\times 100\%$$

3.3.1.3 催化剂表征

采用第2章2.6节所描述的表征手段对整体催化剂样品进行表征。

3.3.2 结果与讨论

3.3.2.1 整体催化剂的BET表征结果

整体催化剂的BET比表面积，孔体积和平均孔径数据列于表3-3。堇青石蜂窝载体的比表面积仅有5.08 m^2/g；经树脂涂敷原位制备活性炭层后的AC/C载体比表面积显著增加，可达101.3 m^2/g；经过浸渍活性组分和高温焙烧处理后，表面碳层有所损失和破坏，但比表面积仍占80 m^2/g以上。同时，由于焙烧的原因，负载了活性组分的三个整体催化剂的孔体积和平均孔径也有所减小。

表3-3 整体催化剂的物性表征数据

催化剂样品	BET比表面积/$m^2\cdot g^{-1}$	孔体积/$cm^3\cdot g^{-1}$	平均孔径/nm
堇青石载体	5.08	0.051	4.01
AC/C	101.3	0.078	3.05
MnO_x/AC/C	88.71	0.057	2.56
MnO_x-CeO_2/AC/C	79.61	0.053	2.55
CuO/AC/C	82.77	0.052	2.56

3.3.2.2　整体催化剂的 NO-TPD 分析

增加了活性炭层后，整体催化剂上对 NO 的吸附能力得到了显著提高；同时，对还原剂 NH_3 的吸附和活化也大大增强。已有很多学者的研究工作证实，NH_3 的吸附和活化是低温 SCR 反应的一个重要环节。

如图 3-11 所示为 NO 脱附曲线，由于堇青石载体的比表面积非常有限，5.08 m^2/g，其 NO-TPD 曲线仅在 80℃附近有一个较弱的小型脱附峰；而 $MnO_x/AC/C$ 的 NO-TPD 曲线则显示出了其较强的吸附能力，不仅在 220℃附近出现了一个大的钟形脱附峰，在 400℃及 450℃附近还有两个微弱的小峰；AC/C 载体的 NO-TPD 与前两者截然不同，在测试温度区间内出现了两个明显的脱附峰，峰强均远大于前两个催化剂，分别位于 180℃和 400℃附近。通过对三条 NO-TPD 曲线的积分运算，$MnO_x/AC/C$ 催化剂、AC/C 载体和堇青石载体所对应的 NO 脱附量分别为：27.02 μmol/g、16.66 μmol/g 和 3.26 μmol/g。由此可知，活性炭层的存在的确显著增强了整体催化剂的 NO 吸附能力和吸附容量；由于后续活性组分负载和高温焙烧，使得 $MnO_x/AC/C$ 整体催化剂的活性炭层有所损失，因此其吸附能力较 AC/C 载体有所下降。

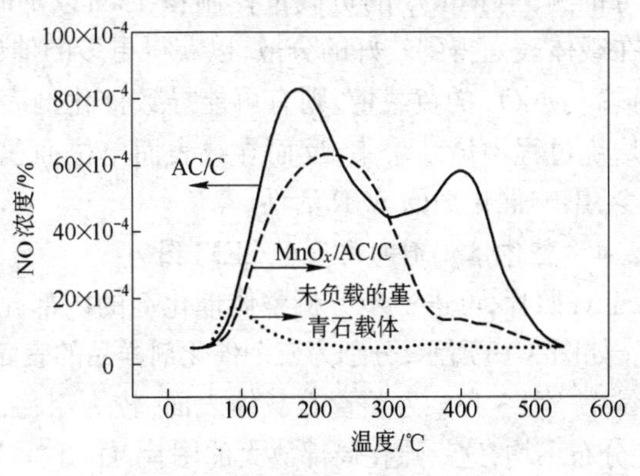

图 3-11　NO 脱附曲线

3.3.2.3　整体催化剂的 XRD 分析

图 3-12 所示为 MnO_x/AC/C 整体催化剂的 XRD 图谱。当 MnO_x 负载量为 2.5%、5%时,对应的衍射图谱上未发现锰氧化物的相关特征峰;直至其负载量提高至 15%后,其衍射图谱中才开始出现锰氧化物的特征峰,且峰强较小,说明 MnO_x 在 AC 层上具有较好的分散状态。经对比标准卡片分析,催化剂表面的锰氧化物的主要氧化态为 Mn_2O_3。

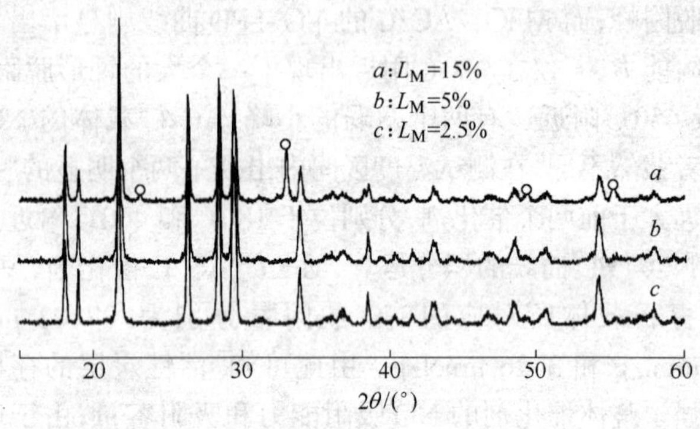

图 3-12　MnO_x/AC/C 整体催化剂 XRD 图谱

由此可推测,当 MnO_x 的负载量控制在 15%以下时,能够使活性组分在载体表面得到较好的分散,以获得更多的催化活性位。若进一步提高 MnO_x 的负载量,则有可能导致催化剂表面的金属氧化物在焙烧过程中烧结聚集,反而导致表面单位面积内的活性位数量减少,影响催化剂的 SCR 活性。

3.3.2.4　整体催化剂的内表面 SEM 图

通过 SEM 照片,可进一步分析整体催化剂的内部孔道的表面结构信息。如图 3-13 所示,分别为三个催化剂样品的表面结构及其局部放大图片。图 3-13*a* 为堇青石载体表面,较为粗糙,呈多孔结构,且孔径分布不均,这一点在局部放大的图片,如图 3-13*d* 所示上看得更为明显;图 3-13*b* 为 AC/C 载体的表面结构,与堇青石载体相比较而言，增加了碳层后的表面平滑程度稍有改观，但表面仍有一定的大孔存在，多为中孔，尤其是在载体孔道的边缘区域，活性炭层有开裂现象，并不连续，观测放大后的碳层，如图 3-13*e* 所示，其平滑度比较图 3-13*d* 却有一定改观，大孔数量减少，中孔数量增加；图 3-13*c* 为经过稳定性试验后的催化剂表面照片，由于在反应过程中的氧化作用和气流的吹脱作用等，活性炭层上的大孔数量增加，孔径也有所增大，靠近孔道边缘的活性炭层有部分脱落；放大的局部图 3-13*f* 为经过 SO_2 测试的催化剂内表面，可以在活性炭层表面观测到白色的结晶体，应是在反应过程中形成的硫酸盐（$(NH_4)_2SO_4$ 等）晶体颗粒的聚集。生成的晶体覆盖了一部分表面活性位，阻碍了 SCR 反应的顺利进行，导致催化剂活性下降，甚至中毒失活。

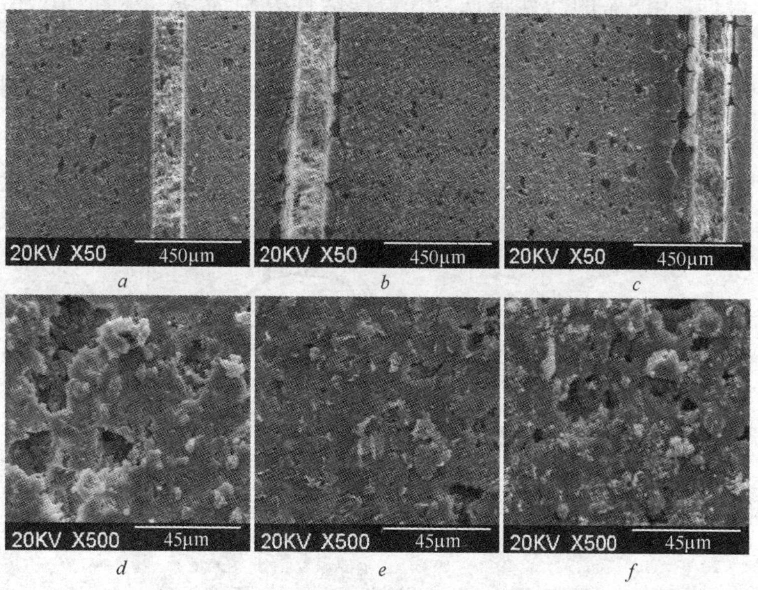

图 3-13　整体催化剂孔道内表面的 SEM 照片

a—堇青石载体；*b*—新鲜 MnO_x/AC/C 催化剂；

c—稳定性试验后的 MnO_x/AC/C 催化剂；

d—*a* 局部放大；*e*—*b* 局部放大；

f—MnO_x/AC/C 经过 SO_2 测试后局部放大

3.3.2.5　MnO_x 负载量对活性的影响

为确定整体催化剂的制备工艺条件,找到最佳的活性组分负载量,我们考察了 MnO_x 负载量对催化活性的影响。图 3-14 所示为 MnO_x 负载量对催化活性的影响,即为采用第一种浸渍方式制得的整体催化剂(即无超声波辅助浸渍)的活性对比图,其 MnO_x 负载量分别为 0.8%、1%、2%和 5%。

100℃时，4 个催化剂的活性几乎相同，随着反应温度升高，活性差异开始逐渐增大，150℃时，负载量为 2%的催化活性最高，达到 52%，其余 3 个均低于 50%；之后各催化剂活性均显著增大，其活性差异也愈加明显。4 个催化剂的最佳活性点均出现在 200～250℃之间，其中以 MnO_x 负载量为 2%的催化剂活性最佳，0.8%的活性最低，其最佳活性分别为 96.4%和 70.7%(250℃)；负载 5% MnO_x 的催化剂最佳活性为 91.3%（200℃)。随后各催化剂活性随温度升高而下降。对比 4 条曲线，在活性测试温度区间内，当 MnO_x 负载量为 2%时催化剂的 SCR 活性最佳。

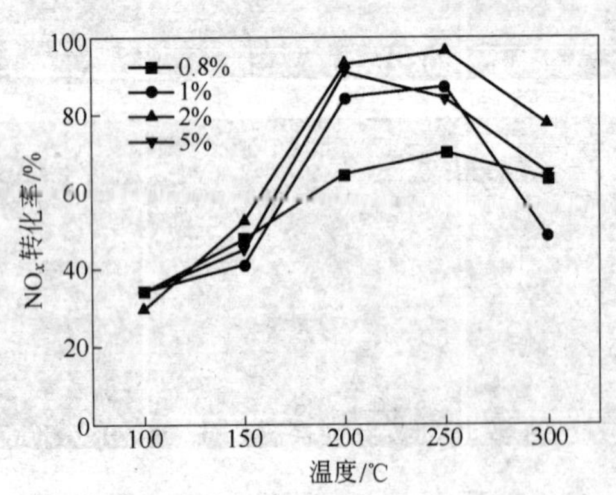

图 3-14　MnO_x 负载量对催化活性的影响

与 Valdés-Sol´ýs T. 的研究结果相比,本文制备的整体催化剂在 100～150℃内的活性仍有提高空间,因此考虑在确保活性组分在催化剂表面的分散度的前提下，改进活性组分的负载方式，以提高催化剂 MnO_x 的负载量，使表面上单位面积内的活性位有所增加。

3.3.2.6 超声波辅助浸渍过程对催化活性的影响

利用超声波辅助浸渍过程，可加强活性组分在催化剂表面的分散，亦有助于提高负载量。经反复试验，采用第二种浸渍方法制备的催化剂，其最佳活性组分负载量可达 8%，较第一种方法有较大提高。

图 3-15 所示为超声波辅助浸渍对催化剂活性的影响，即为采用两种方法制备的最佳负载量时催化剂活性的对比。在浸渍过程中使用超声波辅助增强浸渍效果后，整体催化剂的低温活性得到较大的提高：150℃时的活性由 52.6% 提高至 77%，增幅达 25%；而 100℃时的活性增加较少。200℃之后两者的活性基本一致。因此，后续实验中所考察的 MnO_x/AC/C 整体催化剂均采用超声波辅助浸渍，MnO_x 负载量控制在 8% 左右。

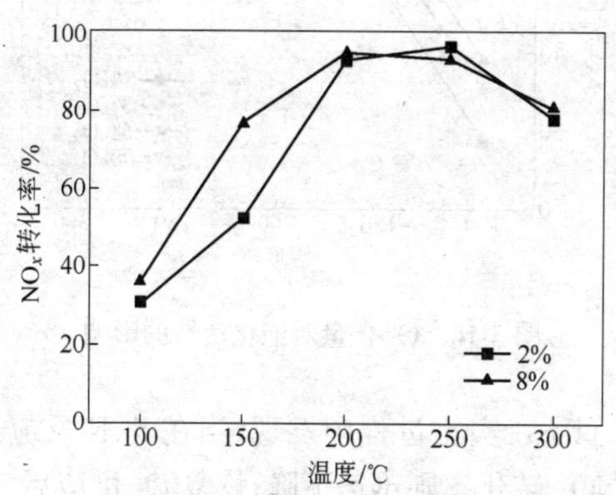

图 3-15 超声波辅助浸渍对催化剂活性的影响

3.3.2.7 O_2 含量对催化剂活性的影响

O_2 对于 SCR 反应过程极为重要，尤其是在低温条件下。在 Yang R.T. 等对 MnO_x-CeO_2 的催化剂机理研究中已证明：NO 的氧化(NO_2)和 NH_3 的脱氢活化(NH_2/OH)是低温 SCR 反应过程中极为重要的中间步骤,提高反应气氛中的 O_2 含量和增强催化剂表面的氧化能力均可在一定程度上促进这两个中间反应步骤。因此,我们有必要考察 MnO_x/AC/C 催化剂在不同 O_2 含量条件下的 SCR 特性。

如图 3-16 所示,在较低的反应温度区域内(<200℃),催化剂活性随 O_2 含量的增加而增大。在 100℃,将 O_2 含量从 1% 提高至 7%,对应的催化剂活性则从 17.1% 升至 46.3%。但随着反应温度的升高,O_2 的这种促进作用逐渐减弱,250℃之后,过多的 O_2 则加速了还原剂 NH_3 的直接氧化,导致 NO_x 转化率随着 O_2 含量的增加而下降。

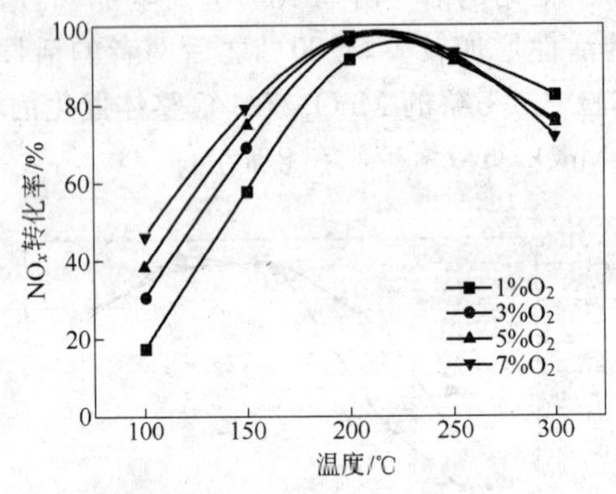

图 3-16 O_2 含量对催化活性的影响

此外,我们还在实验过程中发现:当在 SCR 反应过程中突然切断 O_2 后,NO_x 转化率则迅速下降;恢复 O_2 供应后,催化活性即可恢复至初始状态。这与 Qi G. 的研究结果一致。

3.3.2.8 金属元素掺杂对活性的影响

在以活性炭材料为载体的催化剂研究中,其他金属元素作为活性组分也具有较好的低温活性:如 PFCu、PFFe、V_2O_5/AC 等。另外,MnO_x-CeO_2 粉体催化剂在 100~150℃ 显示了非常出色的低温活性；添加 Fe 和 Pr 后能够显著提高催化剂的抗 SO_2 性能。因此，为进一步提高催化剂的低温活性和稳定性，我们进行了大量的金属元素掺杂实验，尝试通过第二、三元素的添加以改进整体催化剂的性能。元素掺杂实验考虑了过渡金属（Cu、Fe、V、Zr 等）、稀土金属（Ce）以及贵金属（Pt、Pd），通过浸渍负载制备了一系列整体催化剂，主要的几个催化剂的活性数据列于表 3-4（活性评价的实验条件均相同）。

表 3-4 整体催化剂 SCR 活性数据

催化剂	反应温度/℃	NO_x 转化率/%	催化剂	反应温度/℃	NO_x 转化率/%
MnO_x/AC/C	100	36	FeO_x/AC/C	100	11
	150	77		150	27
	200	95		200	43
	250	93		250	70
CuO/AC/C	100	14	V_2O_5/AC/C	100	12
	150	32		150	28
	200	69		200	57
	250	85		250	76
MnO_x-CeO_2/AC/C	100	76	Pd-MnO_x-CeO_2/AC/C	100	80
	150	91		150	92
	200	94		200	94
	250	96		250	93

如上表所示，实验条件下锰基催化剂上均可获得超过 90% NO_x 转化率，其低温区域（<200℃）的催化活性按以下顺序递减：Pd-MnO_x-CeO_2/AC/C > MnO_x-CeO_2/AC/C > MnO_x/AC/C。尽管在以 CuO 和 V_2O_5 作为活性组分的整体催化剂上也可以获得较高的 NO_x 转化率，但其对应的操作温度偏高，大于 250℃，而过高的反应温度会加剧催化剂载体表面碳层的氧化流失，从而导致催

化剂活性下降,尤其是在 SCR 反应的氧化气氛中。

与 MnO_x/AC/C 催化剂相比,MnO_x-CeO_2/AC/C 显示出了更为优越的低温活性,如图 3-17 所示为不同金属氧化物作为活性组分时的催化活性对比,活性温度窗口更宽:100℃时的 NO_x 转化率已达 76.1%,且中高温区域的催化活性还得以保持,直至 300℃时 NO_x 转化率仍有 82.7%。Qi G. 认为 Ce 组分的添加能够增强催化剂表面氧的流动性,促进了 NH_3 的活化和 NO 的氧化,从而提高了催化活性。

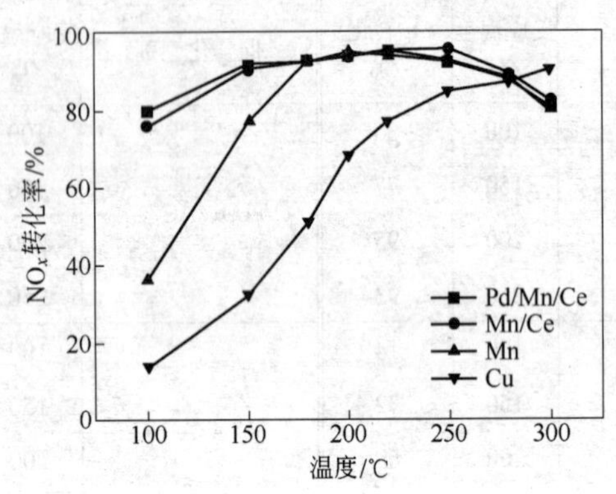

图 3-17 不同金属氧化物作为活性组分时的催化活性对比

我们还尝试向其中添加了少量的具有较强氧化性的贵金属 Pd,活性测试结果显示:Pd 的添加也可使催化剂的低温活性有所提高,但提高幅度极微,因此,我们没有做进一步的探讨。

3.3.2.9 整体催化剂的抗 SO_2 性能

由于实际固定源尾气中还含有一定量的 SO_2,容易使催化剂中毒失活,因此,有必要考察 SO_2 对催化剂活性的影响。根据已有的研究结果,V、Fe、Pr 等金属元素具有良好的抗硫性能,本文中选用这些元素,采用浸渍法制备了 7 种不同活性组分配比的整体催化剂,并进行了抗 SO_2 实验,其活性组分分别为:MnO_x、FeO_x、

CuO、V_2O_5、MnO_x-CeO_2、Mn-Fe-Ce 和 Mn-V-Ce。综合考虑各催化剂的最佳活性温度区域，SO_2 影响实验温度定为 200℃。

在我们的考察中，以相对活性作为整体催化剂抗硫性能的比较指标，即通入 SO_2 后的催化剂活性与无 SO_2 时催化活性的比值，X/X_0。

如图 3-18 所示为 SO_2 对整体催化剂活性的影响（200℃，0.01%SO_2），锰基整体催化剂虽在无 SO_2 具有突出的低温催化活性，但在有 SO_2 条件下，其催化活性损失较大；就单组分催化剂而言，Fe 和 V 催化剂具有较好的抗 SO_2 性能，其相对活性分别为 0.75 和 0.89；Mn-Ce 催化剂的相对活性最低，仅为 0.11，适量添加 Fe 和 V 后，相对活性有所改善，可维持在 0.5～0.6 之间。由此看来，对于锰基整体催化剂而言，抗 SO_2 性能的改善仍是一个重要的问题。

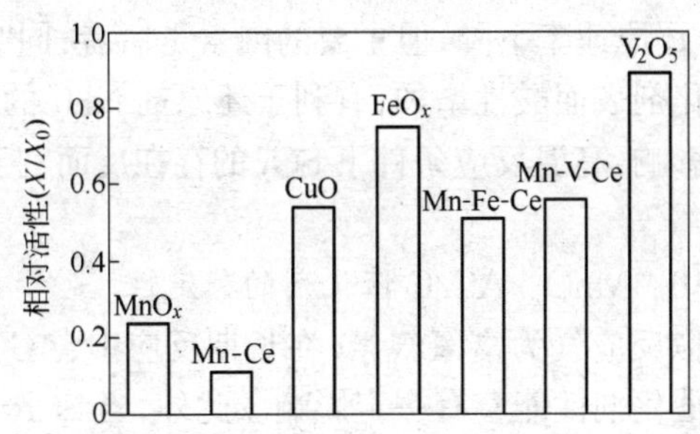

图 3-18　SO_2 对整体催化剂活性的影响（200℃，0.01% SO_2）

结合前述的 SEM 图（图 3-13）中的图 *f*，我们推测 SO_2 的中毒抑制作用可能有两个途径。一方面，载体表面的金属氧化物是催化剂的催化活性位，在通入 SO_2 后，部分金属氧化物甚至全部被硫化而中毒失活；另一方面，在 SCR 反应过程中，作为还原剂的 NH_3 为碱性，可与酸性的 SO_2 反应生成 $(NH_4)_2SO_4$，随着反应的不断继续，铵盐粒子在催化剂表面不断生成并逐渐覆盖了催化活性位，阻碍了 SCR 反应的顺利进行，从而削弱了催化剂的活性。第一种中毒方式通常是不可逆的，因为多数金属硫酸盐的分解温度较高，若采用高温加热的方法对催化剂进行再生则会严重破坏催化剂表面的碳层；第二种中毒方式是可逆的，可以采用水洗的方式洗去催化剂表面的铵盐，或在惰性气体保护下适当加热令铵盐分解，从而使催化剂得以再生。

值得关注的一点是：在高温条件下（大于 300℃），预硫化处理的锰催化剂的活性要优于新鲜的催化剂，即尾气中的 SO_2 有利于提高 NO_x 转化率；而在低温条件下（小于 200℃），实验结果恰恰相反。许多学者的实验研究中都有类似的表述和实验验证。通常我们认为 SCR 反应在低温条件下，尾气中的 SO_2 能使催化剂表面生成硫酸盐，使具催化活性的金属氧化物活性位减少，直接导致 NO_x 转化率下降。而高温下，一方面催化剂表面的活性金属组分会被硫化而失效，另一方面还原剂 NH_3 的直接氧化加剧，二者都会导致 NO_x 还原速率下降，但主要的因素是后者；同时，由于 SO_2 的影响使催化剂表面酸性增加，有利于还原剂 NH_3 的吸附。综合两种因素的影响，高温反应条件下 SO_2 的存在反而利于 NO_x 的催化还原。

3.3.2.10　MnO_x/AC/C 催化剂的稳定性

由于模拟反应气为富氧气氛，在长期反应中，AC 层的受热损失及破坏对催化剂性能会有一定影响。此外，当 SCR 反应温度较低时，AC 层的氧化过程是非常缓慢的，为缩短实验时间，我们采用升高反应温度的方法加快 AC 层的氧化损失进程。图 3-19 即是在 250℃ 对 MnO_x/AC/C 催化剂进行 140 h 稳定性实验的结果。反应初期，由于催化剂未经预处理活化，活性呈缓慢上升趋势，4 h 后活性逐渐稳定在 92%～97%之间，50 h 后开始缓慢下降，106 h 时降至 80%以下，其后活性下降趋势渐增，至 140 h 实验结束时，MnO_x/AC/C 整体催化剂活性仍为 67%，催化剂质量损失率为 1.25%。结果表明，整体催化剂上的活性炭层具有较好的稳定性，反应过程中其氧化损失较小；经长时间测试后，催化剂活性下降可能是由于表面碳层多孔结构受热破坏致使活性组分聚集或烧结而引起的。

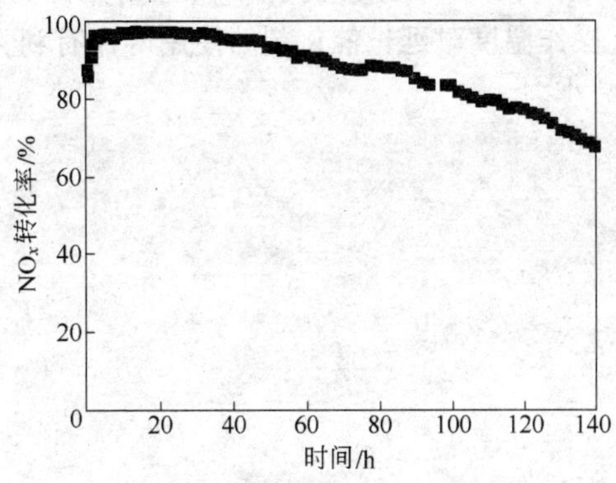

图 3-19 MnO_x/AC/C 催化剂的稳定性试验

3.4 结论

(1) 采用醋酸锰为前驱体制备的 MnO_x/TiO_2 催化剂显示了较好的低温活性：100℃时 NO_x 转化率已达 70%左右，150℃时几乎可完全转化；Mn 最佳负载量为 20%；O_2 含量对 SCR 反应影响较大，无氧时 SCR 反应无法进行，O_2 含量大于 2%时较为理想；SO_2 和 H_2O 的存在会使催化剂表面硫化而中毒失活。

(2) 自行制备两种 AC 载体，并采用浸渍法制备了 MnO_x/AC 催化剂，由于 AC 制备过程中影响因素较多，所得载体性能不够理想。与国外相关研究相比，本文的 MnO_x/AC 催化剂低温活性不够理想，可通过载体工艺改进来提高催化剂活性水平。但从该催化剂的研究中证明了一点：即比表面积的变化可影响催化剂的活性，但并非是主导因素。

(3) 采用新法尝试制备了 MnO_x/AC/C 整体催化剂，对整体催化剂的制备技术进行了初步的摸索研究。浸渍过程中使用超声波辅助手段可以加强活性组分在载体表面的负载和分散，从而提高催化剂的活性；加入 Ce、Pd 后的整体催化剂低温活性提高显著，100℃时即可获得接近 80%的活性，150℃时活性高于 90%；加入 Fe、V 元素可以提高催化剂的抗 SO_2 性能，但低温催化活性有所下降；降低操作温度对延长催化剂的使用寿命有利，碳层的氧化损耗可大大减小。

4 非负载型金属氧化物催化剂

第 3 章中我们已经对 MnO_x/TiO_2、MnO_x/AC 和 $MnO_x/AC/C$ 三类催化剂进行了相关研究，其低温活性表现均较理想，但与实际应用条件还有差距，而且在催化剂抗 SO_2 性能上还未有突破。因此，一方面为了探讨 NO_x 在 Mn 基催化剂上的 SCR 反应机理，另一方面为了优化催化剂活性组分配方，我们对非负载型催化剂做了大量的研究，即不使用载体，仅用金属氧化物作为活性组分的催化剂，这样，可以避免负载环节造成的影响，将研究目标集中到作为催化剂的活性组分——金属氧化物上，从根本上对催化剂的性能进行优化研究以及 SCR 机理探讨等。

从催化剂活性组分的角度来看，改变元素组分及其相对含量，即元素掺杂，可以改变催化剂的活性和稳定性等，如 Yang R.T. 等所研究的 MnO_x-CeO_2 则具有优良的低温活性；此外，优化其制备工艺路线，改变金属氧化物的氧化态和晶型结构等也会影响催化剂的性能，如 Kapteijn F. 曾以纯锰氧化物为催化剂研究 NH_3 选择性催化还原 NO，发现无载体 MnO_x 催化剂的催化活性和产物 N_2 选择性是由催化剂的氧化态和结晶程度决定的。

4.1 MnO_x(CA)选择性催化还原 NO

4.1.1 实验部分

4.1.1.1 催化剂制备

柠檬酸法(Citric Acid Method)是较为常用的一种催化剂制备方法。按比例称取适量柠檬酸和醋酸锰(摩尔比为 2∶3)，用 60 mL 去离子水溶解并充分搅拌 4 h 左右；待搅拌完毕后，置于旋转蒸发仪中进行发泡处理，70℃处理约 1 h 左右；待烧瓶内出现泡沫状固体时，取出，于 100℃烘箱内彻底干燥 1～2 h 后即可制得催化剂的前体物；将催化剂前体物置于马弗炉内，在设定的温度的条件下焙烧 6 h，即可制得黑色的 MnO_x 催化剂；催化剂颗粒须经过粉碎、研磨、压片及过筛，制成 40～60 目的颗粒用于活性实验。为方便与其他方法所制备的催化剂进行对比分析，采用柠檬酸法制备的催化剂本文中表示为 MnO_x(CA)。

同时，为考察其他金属元素掺杂对催化剂性能的影响，我们还采用柠檬酸法制备了一系列的二元及三元金属氧化物催化剂：Mn-Ce、Mn-Cu、Mn-Fe、Mn-Zr、Mn-Y、Mn-Sn、Cu-Ce、Cu-Zr、Mn-Ce-Pd、Mn-Ce-Pt、Mn-Fe-Ce 等。Yang R.T. 考察了焙烧温度对 MnO_x-CeO_2 催化剂活性的影响，600～650℃较为理想，因此本文在制备多元催化剂时均采用 600℃进行焙烧。

4.1.1.2 催化剂活性评价

催化剂评价在连续流动管式固定床反应器（内径 9 mm）中进行，催化剂用量为 0.5 g。模拟烟气的组成为：0.05% NO，0.05% NH_3，3% O_2，N_2 为平衡气，混合气体总流量为 300 mL/min，空速（GHSV）为 47000 h^{-1}。用烟气分析仪在线监测尾气的成分组成及含量。

4.1.1.3 催化剂表征

采用第 2 章 2.6 节所描述的表征手段对催化剂样品进行表征。

4.1.2 结果与讨论

4.1.2.1 焙烧温度对 MnO_x(CA)催化剂活性的影响

将柠檬酸法制备的催化剂前体物分别在 4 个温度下进行焙烧：300℃、400℃、500℃和 600℃，分别表示为：MnO_x-300、MnO_x-400、MnO_x-500 和 MnO_x-600。

如图 4-1 所示为焙烧温度对 MnO_x(CA)催化活性的影响。由图 4-1 可以看出，在测试温度区间内，随着催化剂焙烧温度的升高，MnO_x 催化剂的活性大致呈下降趋势。4 个催化剂的最佳活性点均出现在 150℃，对应的 NO_x 转化率分别为：99.6%（MnO_x-

300)，98.5%（MnO_x-400），94.8%（MnO_x-500），91.4%（MnO_x-600）。之后随反应温度升高，催化剂的活性都下降，其中尤以 MnO_x-500 和 MnO_x-600 的活性下降较快。当反应温度为 100℃ 时，MnO_x-300 的催化活性相对较高，其 NO_x 转化率为 73.3%；而 MnO_x-500 的活性最差，其 NO_x 转化率仅为 28.9%。

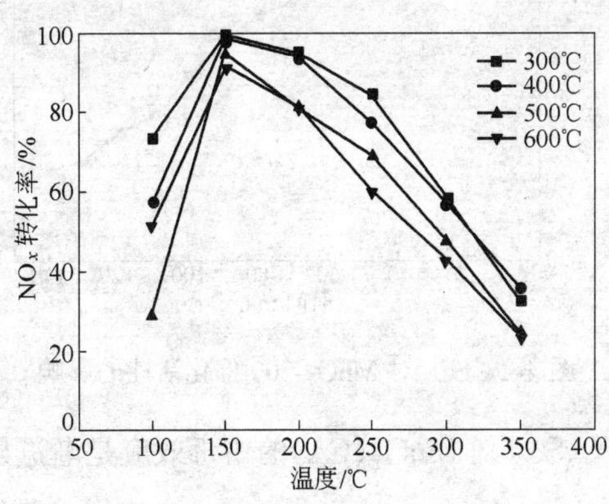

图 4-1　焙烧温度对 MnO_x(CA)催化活性的影响

若采用更低的焙烧温度，则会导致催化剂前体物分解不完全。因此，采用柠檬酸法制备单组分 MnO_x 催化剂，300℃ 是较为理想的焙烧温度。但对于添加了其他金属组分的锰基催化剂而言，最佳焙烧温度条件有所不同。Yang R.T. 等采用柠檬酸法制备了一系列 MnO_x-CeO_2 催化剂，分别在 300～700℃ 进行焙烧，其活性评价结果显示：600～650℃ 是较为理想的焙烧温度。为便于与该催化剂进行比较，本文在制备多元催化剂时均采用 600℃ 进行焙烧。

4.1.2.2　SO_2 对催化剂活性的影响

如图 4-2 所示为 SO_2 对 MnO_x-300 催化活性的影响，MnO_x-300 在 150℃ 稳定反应一段时间后，通入 0.01% 的 SO_2 后，其催化活性随时间变化曲线。当向反应体系中通入 SO_2 后，催化剂活性持续下降，且下降速度较快，90 min 后催化剂活性已不足 50%；当

140 min 实验结束时，催化剂活性仅剩 22%。当停止添加 SO_2 后，催化剂的活性并未恢复。

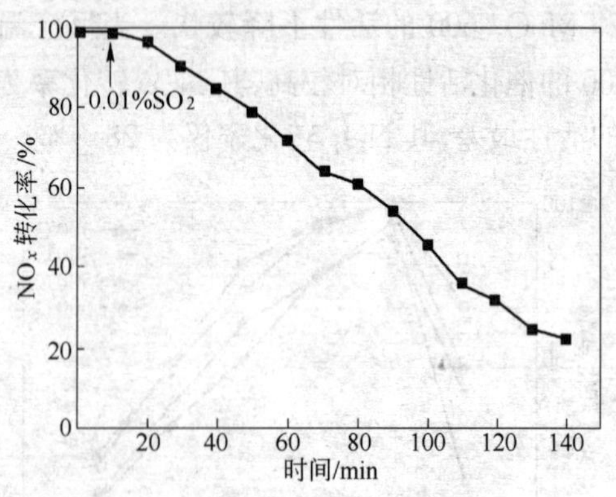

图 4-2 SO_2 对 MnO_x-300 催化活性的影响

由此可见，SO_2 对 MnO_x(CA)的中毒效应是渐进累积的，且是不可恢复的。

4.1.2.3 金属元素掺杂对催化性能的影响

由前述实验结果可知，MnO_x(CA)虽具有良好的低温催化活性，但是无法在有 SO_2 的条件下正常使用，因此无法适应工业的实际应用需要。在保证催化剂低温活性的前提下，我们考虑通过添加其他金属元素来提高催化剂的抗 SO_2 性能。

有研究记载：V、Fe、Ce、Pr、Y 等均可提高催化剂的抗 SO_2 性能；另外，Ce 的添加不仅可以增大催化剂的比表面积，还可以增加催化剂表面氧的流动性，从而提高催化剂的 SCR 活性。除此之外，我们还考虑了 Cu、Zr、Sn 及贵金属元素 Pt 和 Pd。在催化剂的制备过程中还考虑了各组分之间的搭配及比例变化，因此共制备了数十种催化剂进行大量筛选实验。

大量的筛选实验获得了丰富的实验数据：有些金属元素（如 Ce 和 Pd）的掺杂虽可以显著提高催化剂的低温活性，但抗 SO_2 性能并无改进；也有部分元素可以减缓催化剂的硫中毒进程（如 Fe），但无法避免 SO_2 的中毒作用，且原有的催化活性会受到一定影响。由于多数的实验结果与预期研究目标相差较大,继续深入研究的意义不大,因此这里仅列出部分实验数据以作参考(元素符号之后的数字代表催化剂中的元素原子比)。金属元素掺杂实验活性数据,见表4-1。

表4-1　金属元素掺杂实验活性数据表

催化剂	催化活性		抗 SO_2 性能(150℃)	
	反应温度/℃	NO_x 转化率/%	反应时间/min	NO_x 转化率/%
Mn3-Ce7	100	92	10	83
	150	98	30	57
	200	97	60	42
	250	83	90	34
Mn8-Fe2	100	56	10	74
	150	81	30	63
	200	69	60	55
	250	58	90	43
Mn8-Cu2	100	54	10	61
	150	78	30	53
	200	75	60	39
	250	64	90	28
Mn3-Zr7	100	66	10	65
	150	83	30	44
	200	78	60	31
	250	79	90	23
Cu5-Ce5	100	11	10	62
	150	78	30	47
	200	80	60	33
	250	58	90	21
Mn3-Fe0.1-Ce7	100	76	10	80
	150	92	30	57
	200	91	60	46
	250	82	90	37
Mn3-Ce7-Pt0.3	100	90	10	86
	150	93	30	71
	200	84	60	54
	250	78	90	35
Mn3-Ce7-Pd0.3	100	95	10	70

续表 4-1

催化剂	催化活性		抗 SO_2 性能(150℃)	
	反应温度/℃	NO_x 转化率/%	反应时间/min	NO_x 转化率/%
Mn3-Ce7-Pd0.3	150 200 250	98 91 71	30 60 90	51 43 28
Mn3-Ce7-Pd0.4	100 150 200 250	91 98 88 72	10 30 60 90	- - - -
Mn3-Ce7-Pd0.5	100 150 200 250	76 97 92 75	10 30 60 90	- - - -

4.1.2.4　催化剂的表征结果

从以上活性评价实验结果可以看出,单凭催化剂配方的改变很难进一步提高催化剂的性能,因此,我们只选择了该法制备的 MnO_x(CA)-600 作为代表物进行了物性表征,如图 4-3 所示。

由表 4-2 可知,柠檬酸法制备的催化剂比表面积受焙烧温度影响较大:经 323℃焙烧的催化剂比表面积可达 52 m^2/g,而 650℃焙烧后的比表面积仅为 27.16 m^2/g;添加 Ce 后催化剂的比表面积有所增大。本文按 Qi G. 的方法所制备的 MnO_x(CA)和 MnO_x-CeO_2(CA)比表面积分别为 19.07 m^2/g 和 42.25 m^2/g。Ce 组分的添加一方面增强了催化剂表面氧的流动性,另一方面还增大了催化剂的比表面积。

表 4-2　柠檬酸法的催化剂 BET 比表面积和孔体积

催化剂	BET 比表面积/$m^2 \cdot g^{-1}$	孔体积/$cm^3 \cdot g^{-1}$	备注
Mn_5O_8(CA)①	52	-	Kapteijn F., 1994
MnO_x(CA)-650	27.16	0.071	Qi G., 2003
MnO_x(CA)-600	19.07	0.072	自制
MnO_x-CeO_2(CA)	42.25	0.081	自制
MnO_x-CeO_2(CA)	58.62	0.163	Qi G., 2003

① 323℃焙烧。

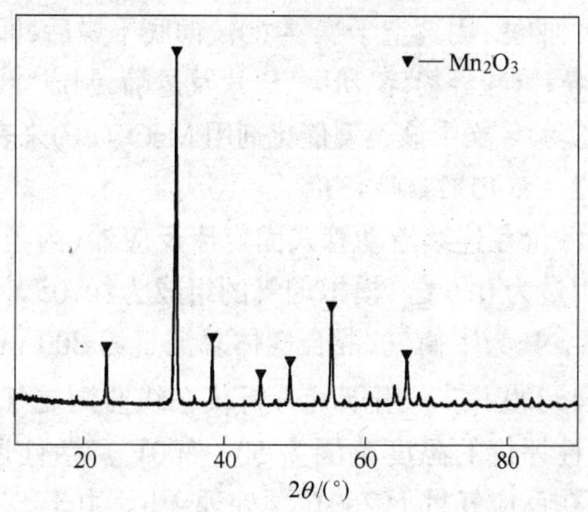

图 4-3　MnO_x(CA)-600 的 XRD 图

采用柠檬酸法制备的 MnO_x(CA)-600 显示出了良好的结晶特性，对应 XRD 谱图中的衍射特征峰清晰锐利，说明氧化物颗粒的晶化度较高，经对比标准卡片分析，该催化剂的衍射峰应归属于为立方相 Mn_2O_3。

4.2　MnO_x(SP)催化剂选择性催化还原 NO

在 4.1 节我们着重考察了添加其他金属元素以及改变活性组分配比对催化剂活性的影响，由于实验结果并不理想，因此在后续实验中着重考察改变 MnO_x 的制备工艺对催化剂活性的影响，即通过不同的制备工艺获得具有不同氧化态和晶型结构等物理特征的 MnO_x 催化剂。

4.2.1　实验部分

4.2.1.1　催化剂制备

采用低温固相法（Low Temperature Solid Phase Reaction Method）制备了 MnO_x 催化剂：将醋酸锰与高锰酸钾按一定比例混合，（摩尔比：MnAC∶$KMnO_4$＝2∶3），并充分研磨，约 30 min；置于 70℃ 烘箱内恒温反应 48 h；产物用去离子水洗涤 3～4 次，抽滤；再用无水乙醇洗涤2~3次,抽滤;用真空干燥器60℃彻底干燥后,即可得到黑色的MnO_x颗粒;颗粒经粉碎、研磨、压片及过筛,制成40~60目的颗粒用于活性实验。文中该类型催化剂用MnO_x(SP)来表示。

4.2.1.2 催化剂活性评价

催化剂评价在连续流动管式固定床反应器(内径9 mm)中进行,催化剂用量为0.5 g。模拟烟气的组成为:0.05% NO,0.05% NH_3,3% O_2,N_2为平衡气,混合气体总流量为300 mL/min,空速(GHSV)为47000 h^{-1}。用烟气分析仪在线监测尾气的成分组成及含量。活性评价的温度范围为50~300℃。活性评价前,先将催化剂样品在反应气氛下250℃预处理2 h。由于SCR反应在低温进行,为确保活性数据不受吸附的影响,在每个测试点稳定2 h后,再进行数据记录。

4.2.1.3 催化剂表征

采用第2章2.6节所描述的表征手段对催化剂样品进行表征。

4.2.2 结果与讨论

4.2.2.1 催化剂的表征结果

由表4-3可知,由低温固相法制备的MnO_x(SP)催化剂的比表面积和孔体积均远远大于由柠檬酸法所制备的锰氧化物催化剂,其比表面积高达150.8 $m^2 \cdot g^{-1}$,孔体积达0.365 $cm^3 \cdot g^{-1}$。

表4-3 MnO_x(SP)催化剂BET比表面积和孔体积

催化剂	BET比表面积/$m^2 \cdot g^{-1}$	孔体积/$cm^3 \cdot g^{-1}$
MnO_x(CA)	19.07	0.072
MnO_x(SP)	150.8	0.365
MnO_x-CeO_2(CA)	42.25	0.081

如图4-4所示为MnO_x(SP)的SEM图片,可见低温固相法所制备的MnO_x为疏松棒状晶体颗粒,分散性较好,表观粒度均匀,无明显的聚集结块现象。如图4-5所示为MO_x(SP)的TEM图片,是在乙醇溶液中经超声波分散处理20 min后所观测到的

MnO_x(SP)催化剂颗粒的 TEM 图片，从图 4-5*a* 中可清晰看到催化剂中所含有的棒状晶体颗粒，其粒径主要集中在 40～60 nm；此外在图 4-5*b* 中，还有更为细小(约 10 nm)的絮状颗粒团。为确定这些小颗粒的结构，我们对样品该区域做了进一步的电子衍射分析并观测到了非晶态的 MnO_x 衍射光晕，由此推测这些细小的絮状颗粒团应是无定形结构的 MnO_x 颗粒聚集体。

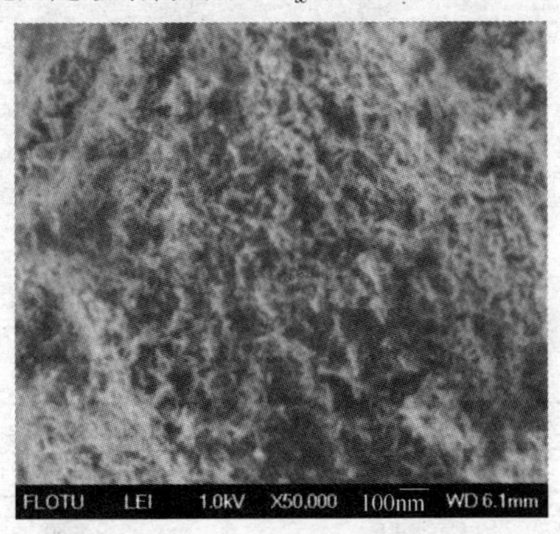

图 4-4　MnO_x 的 SEM 图片

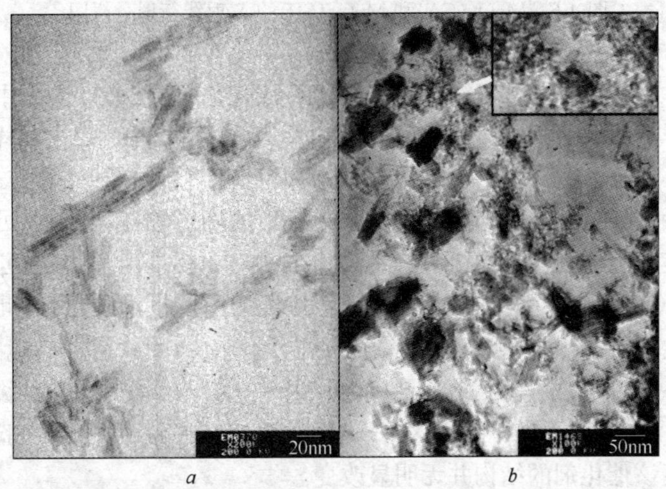

a　　*b*

图 4-5　MnO_x(SP)的 TEM 图片

如图 4-6 所示为 MnO_x(CA)和 MnO_x(SP)的 X 射线衍射分析图,在 MnO_x(SP)催化剂样品的 X 射线衍射分析中,我们发现 MnO_x(SP)的衍射峰型严重宽化,峰强极弱,证明该催化剂的晶化度极低。相比而言,采用柠檬酸法制备的 MnO_x(CA)则显示出了截然不同的特性,其颗粒的晶化度较高,为立方相 Mn_2O_3,对应 XRD 谱图中的衍射特征峰清晰锐利,峰强明显大于 MnO_x(SP)。

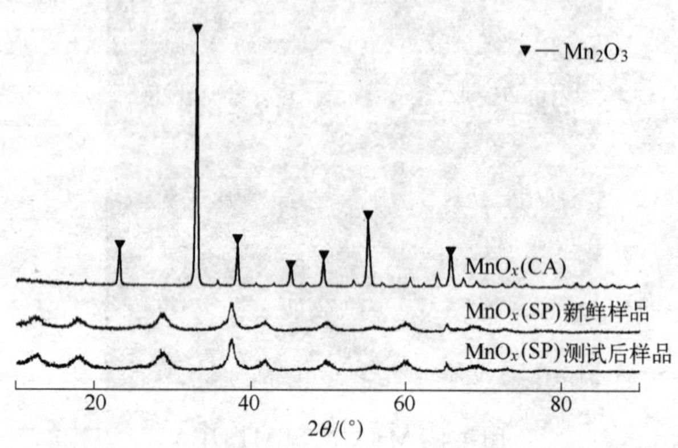

图 4-6 MnO_x(CA)和 MnO_x(SP)的 X 射线衍射分析图

表 4-4 列出了新鲜的 MnO_x(SP)催化剂样品 XRD 谱图中部分样品峰的数据,通过与标准卡片进行对照分析,样品峰 1 和样品峰 2 可与 MnO_2 的衍射峰较好地对应,因此可以肯定 MnO_x(SP)中含有 MnO_2。而样品峰 1 和样品峰 4 的峰形均宽化严重,可视作是几个极为接近的衍射峰重叠所成。对比标准卡片,Mn_3O_4 和 Mn_5O_8 在这两个峰内均有强峰,且与实测峰位极为接近,因此推断在 MnO_x(SP)中还可能含有 Mn_3O_4 和 Mn_5O_8 这两种氧化态。此外,该催化剂经过 40 h 活性测试及 H_2O+SO_2 影响实验后,其 XRD 谱图与新鲜样品的 XRD 谱图几乎完全一致,可推测实验条件下该催化剂的结构并无明显改变。

表 4-4　MnO_x(SP)新鲜样品的物相分析数据

衍射峰	2θ	PDF 卡片	2θ	氧化态
1	18.024	44-0141	18.122	MnO_2
		24-0734	18.014	Mn_3O_4
		39-1218	17.937	Mn_5O_8
		39-1218	18.126	Mn_5O_8
2	37.512	44-0141	37.533	MnO_2
3	46.142	44-0141	49.907	MnO_2
4	59.763	24-0734	59.893	Mn_3O_4

4.2.2.2　催化剂活性评价

取 40～60 目催化剂颗粒 0.5 g 用于活性测试，实验气体成分：NO 0.05%，NH_3 0.05%，O_2 3%，He 为载气；气体总流速 300 mL/min(GHSV = 47000 h^{-1})。

如图 4-7 所示为无 SO_2、H_2O 条件下三种 Mn 基催化剂的 SCR 活性对比，MnO_x(SP)具有极为出色的低温活性，50℃左右即可起活，80℃时 NO_x 转化率可达 98.25%；而同等实验条件下 80℃时 MnO_x-CeO_2(CA)和 MnO_x(CA)的 NO_x 转化率仅为 82.4%和 31.26%。随着反应温度升高，3 个催化剂的活性差异逐渐缩小，至 150℃时差异已小于 10%。

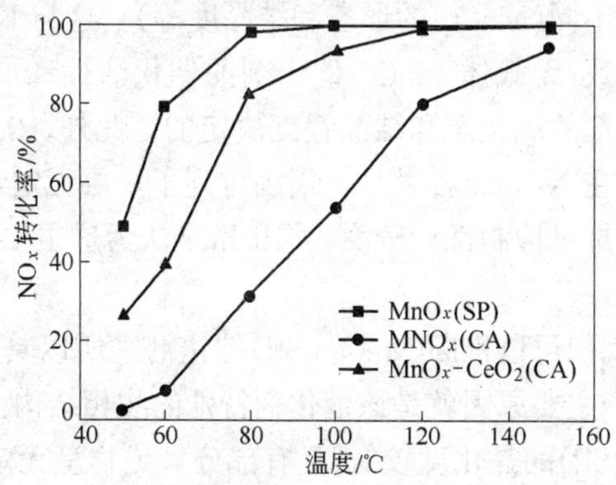

图 4-7　无 SO_2、H_2O 条件下三种 Mn 基催化剂的 SCR 活性对比

对 MnO_x-CeO_2(CA)催化剂而言，Yang 等提出的 SCR 反应机

理类似于 Eley-Rideal 机理(E-R 机理):反应的初始步骤是 NH_3 的吸附,之后与 NO 或 HNO_2 反应生成 N_2 和 H_2O。添加了 Ce 组分后,MnO_x-CeO_2(CA) 的比表面积提高至 42.25 m^2/g,与 MnO_x(CA)相比,其吸附能力有所增强,单位面积内的催化活性位也增多;但更重要的是 CeO_2 的加入能够增强催化剂表面氧的流动性,促进 NH_3 的活化,从而提高了催化剂的低温 SCR 活性。

由前述表征分析可知,MnO_x(SP)催化剂与其他两个催化剂的差异主要体现在比表面积和物相结构(结晶度和相态)上。更大的比表面积增强了 MnO_x(SP)的吸附能力;而特殊的物相结构则影响着低温 SCR 反应的活化过程。理论上低温利于反应气体组分在催化剂表面的吸附,而图中 3 个催化剂的活性均随着反应温度的升高而提高,说明吸附量对催化剂活性的影响并非关键因素;再者,150℃ 时的 3 种催化剂的 NO_x 转化率差别不大,表明此时 MnO_x(CA)催化剂表面(尽管比表面积仅有 19 m^2/g)所吸附的 NH_3(或 NO)已足够,因此 MnO_x(CA)在低温时的低活性主要是活化不足所致。换言之,图 4-7 中 3 种催化剂的低温活性差别的主要原因不是吸附量的高低,而是因为活化过程的不同,即催化剂的表面性质不同(MnO_x 的形态和结晶度等)。这与 Kapteijn 的研究结论相一致:无载体 MnO_x 催化剂的催化活性和产物 N_2 选择性是由催化剂的氧化态和结晶程度决定的。此外,Richter 等采用特殊沉淀法在 NaY 沸石微晶的周围排列了一层无定形 MnO_x,其低温活性和抗水抑制性均较突出,Richter 认为这主要源于蛋壳形构造的 MnO_x。

由此,我们可以推断 MnO_x(SP)催化剂之所以具有较好的低温活性,一个主要原因就是该催化剂特殊的物相结构:较小的晶化度。MnO_x(SP)的晶化度较低,且有部分氧化物呈无定形结构,这种结构有利于质子的快速嵌入和脱嵌,可在催化剂颗粒表面或者体相范围内产生快速、可逆的化学吸/脱附或者氧化/还原反应,促进了低温 SCR 反应的进行。

4.2.2.3　SCR反应产物分析

在80℃稳定反应2 h后(反应条件同前),同时检测反应器进口和出口气体成分,结果列于表4-5。

表4-5　反应器进、出口气体成分

检测位置	气体浓度						
	NO	NO_2	N_2O	NH_3	N_2	O_2/%	N
反应器进口	503×10^{-6}	11×10^{-6}	0	509×10^{-6}	0	3.0	1023×10^{-6}
反应器出口	9×10^{-6}	0	10×10^{-6}	5×10^{-6}	488×10^{-6}	3.0	1010×10^{-6}

由检测结果可知,SCR反应气体产物主要为N_2,仅有微量N_2O生成。经计算:反应产物N_2选择性达96.63%;进出口气体检测结果的氮平衡达98.73%。因此,MnO_x(SP)不仅具有良好的低温活性,同时还具有较好的产物N_2选择性。

4.2.2.4　H_2O和SO_2对催化剂活性的影响

实际烟气中含有一定量的H_2O和SO_2,为此本文还考察了H_2O和SO_2对MnO_x(SP)的SCR活性的影响情况。

在80℃稳定反应2 h后,开始H_2O影响实验。如图4-8所示为SO_2和H_2O对催化剂SCR活性的影响,当向反应体系中添加10%的H_2O后,NO_x转化率逐渐下降,1 h后基本稳定,稍有起伏,NO_x转化率由初始的98.2%降至90%左右;停止添加H_2O后,不利影响迅速消失并恢复至初始水平。这与刘振宇等的研究结果一致:水与反应物(NH_3和NO)之间存在着竞争吸附,从而在一定程度上降低了催化剂的活性,但不会完全毒化催化剂,停止加H_2O后不利影响能够完全消失。

当同时添加10% H_2O和0.01% SO_2,催化剂活性下降程度较大,约2 h后趋于稳定,NO_x转化率仍有70%左右;停止添加后,催化剂活性逐渐恢复,上升过程明显先快后慢,在本试验的记录终点催化活性只恢复至92%,未恢复到初始水平。该催化剂样品的XRD分析结果显示:催化剂表面并无硫酸盐物种生成,即损失的活性并非由催化剂表面硫化或被生成的硫酸铵盐覆盖所引起。随后,

将经过 H_2O+SO_2 测试的催化剂缓慢升温至 300℃，同时用 300 mL/min He 吹扫 1 h 后，重复 SCR 活性测试，结果显示 MnO_x(SP)的活性完全恢复。由此可推断：H_2O 和 SO_2 的加入并未使 MnO_x(SP)的表面硫化或生成硫酸铵盐而导致催化剂中毒失活，主要是由于 SO_2 与 NO 竞争吸附导致催化剂活性下降；停止添加 H_2O 和 SO_2 之后，催化剂的活性之所以无法完全恢复，是由于该温度条件下催化剂表面某些吸附位上所吸附的 SO_2 相对稳定，不易脱附，从而影响了催化剂的 SCR 活性，经加热脱附处理后，活性完全恢复。

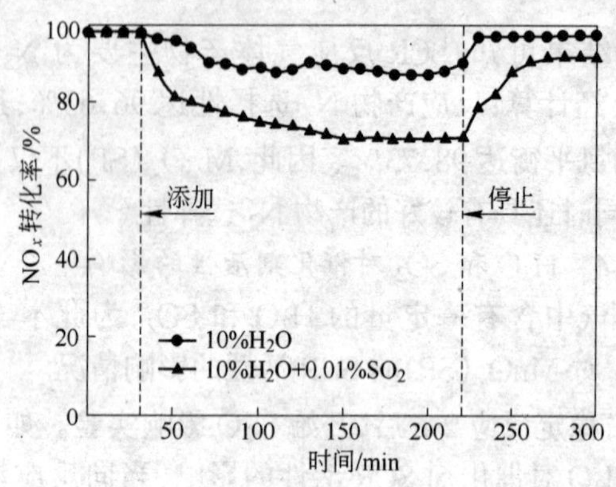

图 4-8　SO_2 和 H_2O 对催化剂 SCR 活性的影响

4.2.2.5　NO_x-TPD 分析

为进一步分析 SO_2 对催化剂活性影响的原因，我们设计了 3 组 NO_x-TPD 试验。先将催化剂样品在 He 气氛下 250℃ 吹扫 1 h，冷却至室温后再通入吸附气体连续吸附 1 h，再通入 He 吹扫直至尾气中无 NO 检出，随后开始程序升温脱附，升温速率 10℃/min，气体流量均控制在 300 mL/min。

如图 4-9 所示为 SO_2 对 MnO_x(SP)的 NO_x-TPD 影响分析，TPD-Ⅰ曲线有三个脱附峰，分别出现在 120℃，250℃ 和 320℃，说明 MnO_x(SP)上可能存在三种 NO_x 吸附活性位，其吸附强度依次增大，但第一种吸附活性位的吸附容量最大，第二种最小。TPD-Ⅱ曲线只有两个脱附峰，第一脱附峰的位置基本没有变化，只是峰强有所下降；第二脱附峰在300℃之后有一个较为平坦的脱附带，这可能是催化剂原有第二、三吸附峰受 SO_2 影响后的加和表现：催化剂上的第二种吸附位受残余 SO_2 影响，吸附强度和吸附容量均有小幅下降，对应峰形略有左移，峰强略降；第三种吸附位则可能被残余 SO_2 覆盖，或受其影响，其吸附强度及吸附容量都显著下降，对应的 NO_x 脱附峰被极大削弱并左移与前一脱附峰重叠，形成如图所示的第二脱附峰。TPD-Ⅲ曲线充分证明了 SO_2 对 NO 的竞争吸附作用：两个脱附峰的峰强均大幅下降，第二、三种吸附位的吸附强度明显削弱，第二脱附峰左移至190℃。经曲线积分计算，TPD 实验 Ⅰ、Ⅱ 和 Ⅲ 对应的 NO_x 总吸附量分别为：138.27 μmol/g，99.22 μmol/g 和 47.57 μmol/g，SO_2 与 NO 共同吸附时催化剂上吸附的 NO_x 总量仅为单独吸附 NO 时的三分之一。同时值得注意的是：即使 SO_2 的存在严重影响了 MnO_x(SP) 的 NO_x 吸附能力，但其催化活性仍可维持在70%左右；若能找到适合的方法减少催化剂对 SO_2 的吸附或削弱其吸附强度，则应能显著提高此时催化剂的 SCR 活性。

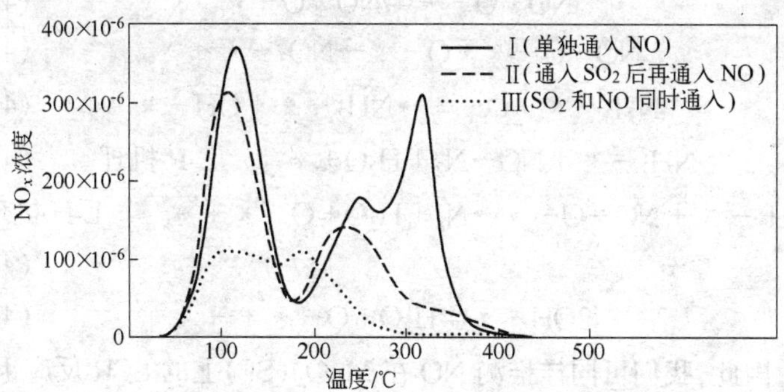

图4-9　SO_2 对 MnO_x(SP)的 NO_x-TPD影响分析

Ⅰ—使用新鲜催化剂，吸附气体为0.05% NO/He；Ⅱ—使用经过 SO_2+H_2O 影响实验的催化剂；Ⅲ—使用新鲜催化剂，吸附气体为0.05%NO+0.01% SO_2/He

4.2.2.6 反应机理分析

SCR 活性实验结果显示 MnO_x(SP)具有出色的低温活性的关键因素是反应物的活化,这与 E-R 机理较为吻合:即 NH_3 首先在 MnO_x(SP)上吸附活化后,再与气相中的 NO 反应生成 N_2。此外,SO_2 影响实验和 TPD 的实验结果又显示,SO_2 的加入能够显著影响 NO 在催化剂表面的吸附,使催化剂活性有所下降。这又与 Langmuir-Hinshelwood 机理(L-H 机理)相符:即 NH_3 与 NO 分别在催化剂表面吸附活化后再反应生成 N_2。SO_2 的引入虽大大削弱了催化剂表面的 NO 吸附量,但催化剂活性仍可维持在 70% 左右,说明该催化剂上只有少部分的 NO 的 SCR 反应是按照 L-H 机理进行。

Kijlstra 对 MnO_x/Al_2O_3 的研究中也有类似的现象,他认为在 200℃ 以下,NO 在该催化剂上的催化还原是同时按照 E-R 和 L-H 两种机理平行进行的,但以前者为主:

$$O_2 + 2* \Leftrightarrow 2O-* \tag{4-1}$$

$$NH_3 + * \Leftrightarrow NH_3-* \tag{4-2}$$

$$NO + O-* \Leftrightarrow NO-O-* \tag{4-3}$$

$$NO-O-* + O-* \rightarrow NO_3-* + * \tag{4-4}$$

$$NH_3-* + O-* \rightarrow NH_2-* + OH-* \tag{4-5}$$

$$NH_2-* + NO \rightarrow N_2 + H_2O + * \quad \text{E-R 机理} \tag{4-6}$$

$$NH_2-* + NO-O-* \rightarrow N_2 + H_2O + O-* + * \quad \text{L-H 机理} \tag{4-7}$$

$$2OH-* \Leftrightarrow H_2O + O-* + * \tag{4-8}$$

因此,我们可同样推测 NO 在 MnO_x(SP)上的 SCR 反应也是同时按照两种机理进行的,但各自进行的程度和所占的比重有所不同,相较而言,前者为主。一方面,MnO_x(SP)催化剂本身较低的晶化度有利于反应物的活化,可促进 NO 按照 E-R 机理反应;另一方面,MnO_x(SP)催化剂较大的比表面积使其具有良好的吸附能力,亦可促进 NO 按照 L-H 机理反应。

4.3 MnO_x(RP)催化剂选择性催化还原 NO

4.3.1 实验部分

4.3.1.1 催化剂制备

本节采用流变相法(Rheological Phase Reaction Method)制备 MnO_x 催化剂:将醋酸锰与水杨酸按摩尔比 1∶2.05 混合,用球磨机充分研磨 40 min;研磨后的混合物置于具有 Teflon 内衬的不锈钢反应釜内,逐步添加适量去离子水,搅拌调至流变态;加盖密封,置于 70℃烘箱内反应 24 h;将产物用乙醇洗涤 3～4 次,抽滤,置于真空干燥器内 60℃彻底干燥后,制成白色的催化剂前体物颗粒;在不同温度下(350～650℃)分别用马弗炉焙烧 6 h,制成一系列 MnO_x 催化剂。催化剂均经过研磨、压片、过筛,制成 40～60 目的颗粒用于 TPD 分析和 SCR 活性测试。文中该类型催化剂用 MnO_x(RP)来表示。

4.3.1.2 催化剂活性评价

催化剂活性评价在连续流动管式固定床反应器(内径 9 mm)中进行,催化剂用量为 0.5 g。模拟烟气的组成为:0.05% NO,0.05% NH_3,3% O_2,N_2 为平衡气,混合气体总流量为 300 mL/min,空速(GHSV)为 47000 h^{-1}。用烟气分析仪在线监测尾气的成分组成及含量。活性评价的温度范围为 50～300℃。

4.3.1.3 催化剂表征

采用第二章 2.6 节所描述的表征手段对催化剂样品进行表征。

4.3.2 结果与讨论

4.3.2.1 催化剂的表征结果

催化剂 BET 比表面积,孔体积和平均孔径测试结果列于表 4-6。

表 4-6 催化剂表征结果

催化剂样品①	BET 比表面积/$m^2 \cdot g^{-1}$	孔体积/$cm^3 \cdot g^{-1}$	平均孔径/nm
MnO_x(RP) (350)	99.02	0.212	9.55
MnO_x(RP)(450)	73.41	0.186	9.61
MnO_x(RP)(550)	45.73	0.128	10.74
MnO_x(RP)(650)	28.05	0.074	11.26
MnO_x(CA)(600)	19.07	0.072	10.63

① 括号内数字为催化剂焙烧温度(℃)。

由表 4-6 可看出,采用流变相法 350℃焙烧后制备的催化剂比表面积最大,孔体积最大,平均孔径仅有 9.55 nm,而采用柠檬酸法制备的催化剂比表面积较小。另外,焙烧温度对催化剂的比表面积、孔体积和孔径均有明显的影响:随着焙烧温度的增加,催化剂比表面积逐渐减小,孔体积减少,平均孔径随之变大。但焙烧温度过低时会造成催化剂前体物分解不完全,反而影响催化剂活性,因此催化剂的焙烧温度不能太低。

催化剂焙烧温度一方面在很大程度上影响着 MnO_x 催化剂的比表面积和孔结构,另一方面也影响着氧化物的结晶度和氧化态。因此,考察焙烧温度对催化剂结构的影响具有重要的意义。

如图 4-10 所示为不同焙烧温度制备的 MnO_x(RP)催化剂的 XRD 分析图,低温条件下焙烧的催化剂的 XRD 谱图中的特征峰明显宽化,衍射峰强度较弱,说明所制备的催化剂结晶程度较低,可能呈无定形结构;而随着焙烧温度的升高,催化剂晶化度随之增加。此外,通过 XRD 分析还可发现,随着焙烧温度升高,MnO_x(RP)催化剂的氧化态从多元化向单一化发展:350℃焙烧的催化剂为混合锰氧化物,含有 Mn_3O_4、MnO、Mn_2O_3 等多种氧化态;随着焙烧温度的增加,催化剂内所含的氧化态逐渐减少,650℃焙烧的催化剂中主要为 Mn_3O_4。

为弄清低温条件下焙烧的催化剂的微观形态和结构,我们对 350℃焙烧的新鲜催化剂取样进行了 SEM 和 TEM 分析。由于纳米级颗粒极易发生团聚,因此我们很难从样品的 SEM 图片中看到分离的催化剂颗粒形貌,如图 4-11 所示为 MnO_x(RP)催化剂的

SEM 图片，只能观察到团聚后的颗粒聚合体，这些聚合体呈现疏松多孔的结构，并无规则的几何形态。

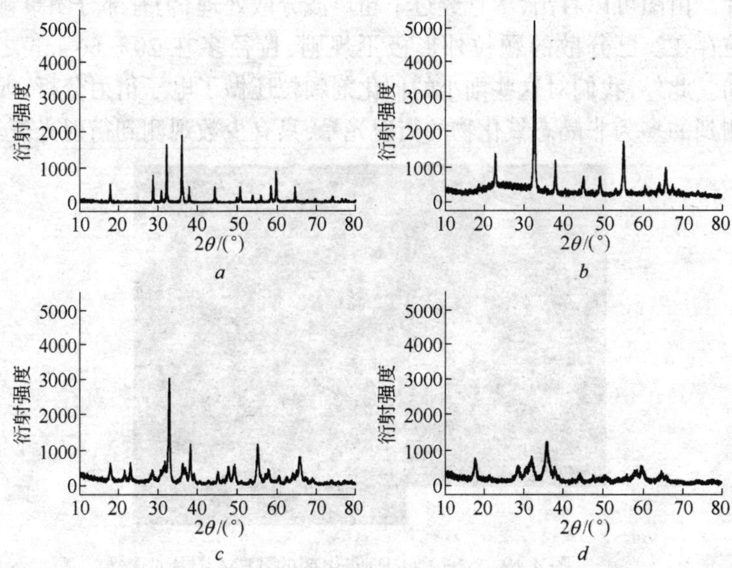

图 4-10　不同焙烧温度制备的 MnO_x(RP)催化剂的 XRD 分析图

a—650℃；*b*—550℃；*c*—450℃；*d*—350℃

图 4-11　MnO_x(RP)催化剂的 SEM 图片

如图 4-12 所示为 MnO_x(RP)催化剂的 TEM 图片，是催化剂样品颗粒在乙醇溶液中经过超声波分散处理 20 min 后的 TEM 图片。由图可以看出，尽管经过了超声波分散处理，仍有部分团聚颗粒存在。已分散的颗粒外形极不规则，粒径多在 20～60 nm 之间。此外，我们对这些细小的催化剂颗粒还做了电子衍射分析，观测到的多为非晶态氧化物的衍射光晕，只有少数观测到衍射光斑。

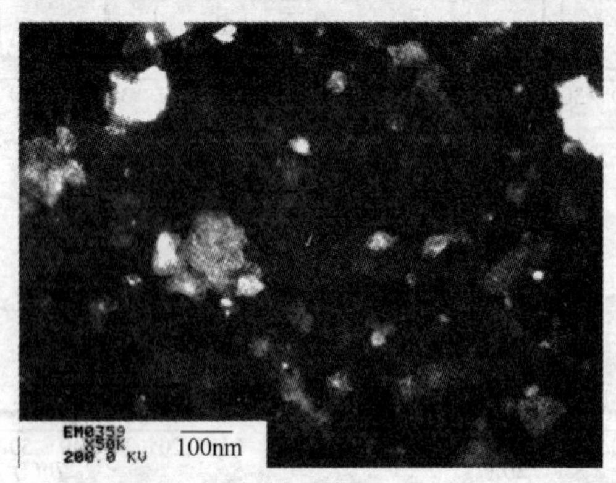

图 4-12　MnO_x(RP)催化剂的 TEM 图片

综合以上表征分析，我们推测本文中采用流变相法制备的 MnO_x(RP)催化剂是晶化度极低的混合锰氧化物，比表面积较大，而且部分颗粒含有无定形结构。

4.3.2.2　催化剂活性评价

实验条件：催化剂 0.5 g；模拟配气（体积比）NO 0.05%，NH_3 0.05%，O_2 3%，He 为载气；气体总流速 300 cm^3/min（GHSV = 47 000 h^{-1}）；测试温度 50～150℃。无 SO_2、H_2O 条件下 MnO_x(RP)和 MnO_x(CA)的催化活性对比见表 4-7。

表 4-7　无 SO_2、H_2O 条件下 MnO_x(RP)和 MnO_x(CA)的催化活性对比

催化剂	温度/℃	NO 转化率 φ_{NO}/%	催化剂单位面积 NO 转化量 /m^{-2}	催化剂单位质量 NO 转化量 /g^{-1}
MnO_x(RP)(350)	50	59.45	6.16×10^{-6}	610×10^{-6}
	80	98.25	10.18×10^{-6}	1008×10^{-6}

续表 4-7

催化剂	温度/℃	NO 转化率 φ_{NO}/%	催化剂单位面积 NO 转化量 /m^{-2}	催化剂单位质量 NO 转化量 /g^{-1}
MnO_x(RP)(350)	100	99.81	10.34×10^{-6}	1024×10^{-6}
	120	99.81	10.34×10^{-6}	1024×10^{-6}
	150	100	10.36×10^{-6}	1026×10^{-6}
MnO_x(CA)(650)	50	2.92	1.19×10^{-6}	30×10^{-6}
	80	31.38	11.93×10^{-6}	322×10^{-6}
	100	53.61	20.37×10^{-6}	550×10^{-6}
	120	79.92	30.37×10^{-6}	820×10^{-6}
	150	93.76	35.63×10^{-6}	962×10^{-6}

由表 4-7 可明确看出 MnO_x(RP)具有出色的低温活性:实验条件下,80℃即可获得 98.25%的 NO 转化率,随着反应温度升高系统中的 NO 可几乎完全转化,甚至在 50℃的低温下也能保持 59.45%的活性;而采用柠檬酸法制备的催化剂在 80℃的活性仅有 31.38%,50℃时则几乎没有活性。

由于 2 个催化剂均是无载体的纯锰氧化物催化剂,催化剂上的催化活性位可能在本质上是一致的,其低温活性的差异亦有可能仅仅是由于比表面积的差异而造成的。为此,需要详细分析 2 个催化剂上的单位面积活性和单位质量活性。由于 80℃附近 MnO_x(RP)的活性已接近 100%,所以这里仅以 80℃以下的数据来分析对比。对比 2 个催化剂的单位质量活性,MnO_x(RP)与 MnO_x(CA)的数据的比值分别为 20.3(50℃)和 3.1(80℃)。此外,MnO_x(RP)的比表面积和 80℃时的催化活性均约是 MnO_x(CA)的 3 倍,所以二者的单位面积催化活性在数值上较为接近;而 50℃时 MnO_x(RP)的单位面积活性是 MnO_x(CA)的 5.2 倍,大于 80℃时的比值。由上述分析可知两个催化剂的活性与比表面积之间并非线形关系,因此我们认为两个催化剂上的催化活性位在本质上是不一致的,即较大的比表面积只是 MnO_x(RP)具有出色低温活性的原因之一。

4.3.2.3 焙烧温度对催化剂活性的影响

在 XRD 分析中我们可知焙烧温度对催化剂颗粒度氧化态和结晶度有很大影响，因此我们考察了不同焙烧温度所制备的催化剂的 SCR 活性变化趋势。

如图 4-13 所示为焙烧温度对 MnO_x(RP)催化剂活性的影响，在 4 个催化剂中，350℃时焙烧的催化剂的低温活性最优。随着焙烧温度的上升，不仅催化剂的比表面积随之减小，催化活性也随之降低。其中，催化剂的低温活性（大于 80℃）损失较大，而 100～150℃之间的催化活性损失相对较小。经计算，50℃时各催化剂的单位面积活性数值分别为 $6.16\times10^{-6}\ m^{-2}$（350℃），$3.68\times10^{-6}\ m^{-2}$（450℃），$4.42\times10^{-6}\ m^{-2}$（550℃）和 $2.71\times10^{-6}\ m^{-2}$（650℃）；80℃时各催化剂的单位面积活性数值分别为 $10.18\times10^{-6}\ m^{-2}$（350℃），$10.65\times10^{-6}\ m^{-2}$（450℃），$12.03\times10^{-6}\ m^{-2}$（550℃）和 $14.05\times10^{-6}\ m^{-2}$（650℃）。这些数据再次证实各催化剂的 SCR 特性与比表面积之间并无线形关系，由此可推测，各催化剂在不同焙烧温度下所形成的不同微观结构也是影响催化剂低温活性的一个重要原因。

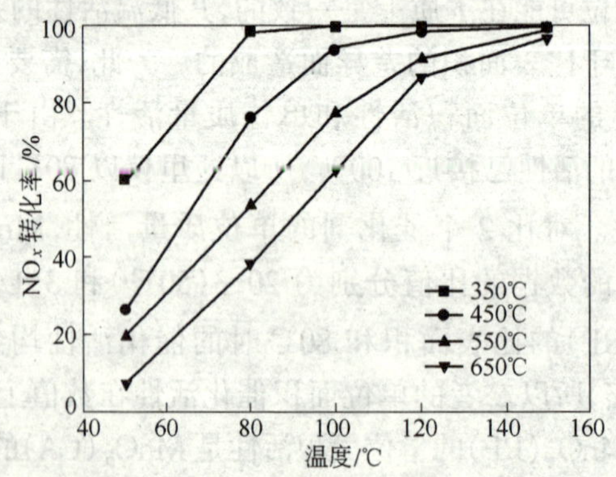

图 4-13 焙烧温度对 MnO_x(RP)催化剂活性的影响

Richter 等曾采用特殊沉淀法在 NaY 沸石微晶的周围排列了一层无定形 MnO_x，其低温活性和抗水抑制性均较突出，Richter

认为这主要源于蛋壳形结构的 MnO_x。Kapteijn 曾以纯锰氧化物为催化剂研究 NH_3 选择性催化还原 NO,发现无载体 MnO_x 催化剂的催化活性和产物 N_2 选择性是由催化剂的氧化态和结晶程度决定的。此外,催化剂的无定形结构有利于质子快速嵌入和脱嵌,在催化剂颗粒表面上或者体相范围内产生快速、可逆的化学吸/脱附或者氧化/还原反应。

结合上述分析,可推断 MnO_x(RP)出色的低温活性主要来源于两个方面:高比表面积和较弱的晶化度。在 NH_3 选择性催化还原 NO_x 的过程中,一个重要步骤就是催化剂表面的 NH_3(强吸附态)与气相中或催化剂表面吸附较弱的 NO 进行 SCR 反应。因此,催化剂较大的比表面积有利于反应气体的吸附,而且单位面积内的催化活性位较多,能促进反应活性物种的生成和活化,有利于 SCR 反应的进行;其次,催化剂晶化度较低,且部分呈无定形结构,这也促进了催化还原反应在氧化物表面进行。

4.3.2.4 H_2O 和 SO_2 对催化剂活性的影响

图 4-14 所示为 80℃ 和 100℃ 时 H_2O 对 MnO_x(RP)催化剂 SCR 活性的影响实验结果,其余实验条件同前述活性评价实验。由图可知,H_2O 的加入使得催化剂活性有所下降,这是由于 H_2O 在催化剂表面与反应气体之间存在吸附竞争,并占据了一定的表面活性位,而导致催化活性下降。当添加的 H_2O 由 10% 提高到 20% 时,吸附竞争加剧,活性继续下降。但较为理想的是,即便此时体系中的 H_2O 含量较高,催化剂仍能保持较高的活性(80℃ 时大于 85%;100℃ 时大于 90%)。H_2O 对 SCR 反应的影响会随反应温度的升高而减弱;当停止添加 H_2O 后,催化剂活性迅速恢复,并回到初始水平。

图 4-15 所示为 80℃ 时同时添加 0.01% 的 SO_2 和 10% 的 H_2O 后催化剂的活性变化,其余实验条件同活性评价实验。当通入 SO_2+H_2O 后,催化剂活性水平逐步降低,最终催化剂表面吸附平衡后,活性最终稳定在 73% 左右。停止添加后,催化剂活性亦逐步回升,但只能恢复到 92.23%。经程序升温至 280℃,并用 He 吹

扫 1 h 后，催化剂活性可完全恢复至初始水平。分析可知：之所以 SO_2+H_2O 的抑制作用要强于 H_2O，是由于催化剂表面上 SO_2 与反应气体之间的竞争吸附作用更强；当停止添加后，吸附竞争消失，催化活性逐步恢复，已吸附的 H_2O 和大部分 SO_2 较易脱附而释放表面活性位，但小部分 SO_2 与催化剂上的某些活性位的吸附键较强，不易脱出，所以催化剂活性无法完全恢复；但经过升温吹扫后，可使这部分 SO_2 完全脱附，释放所有的活性位，催化剂活性完全恢复。此外，由于本实验中 SCR 反应温度不高，SO_2 不易与表面 MnO_x 反应形成硫酸盐，所以催化剂不会因此而永久失活。

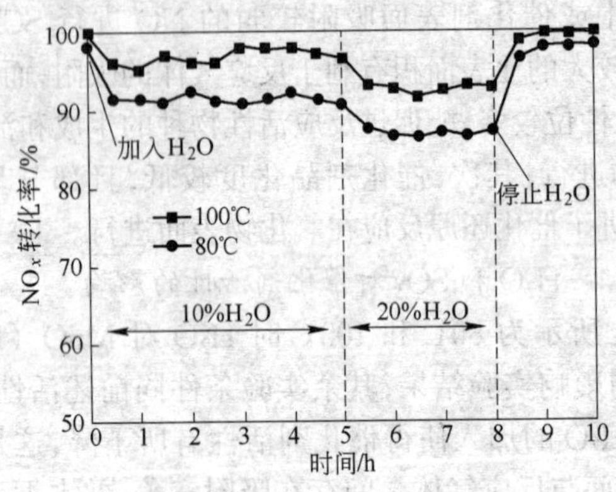

图 4-14　H_2O 对 MnO_x(RP)催化剂 SCR 活性的影响

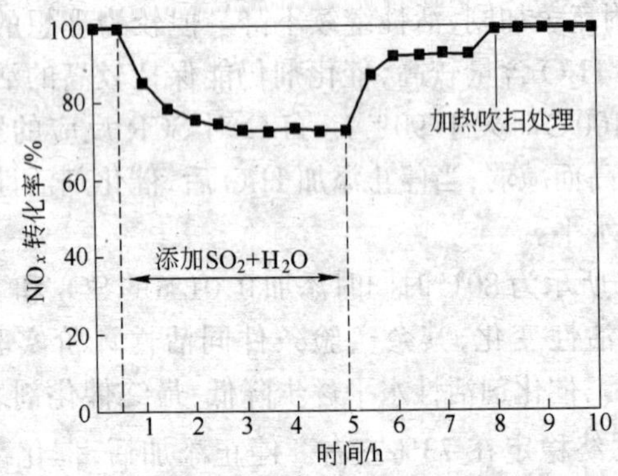

图 4-15　SO_2 和 H_2O 对 MnO_x(RP)催化剂活性的影响

4.3.2.5 TPD 分析

本节的 TPD 实验可进一步分析 SO_2 在催化剂上与 NO 的吸附竞争现象。分别考察了单独吸附 NO 和共同吸附 NO + SO_2 的两种情况,结果如图 4-16 所示为 MnO_x(RP)催化剂的 TPD 分析。

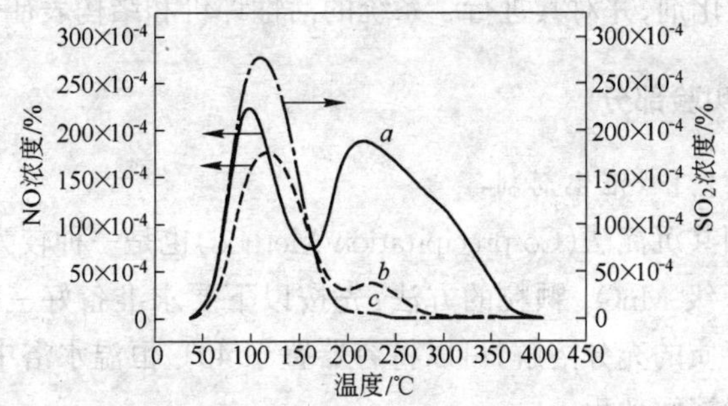

图 4-16 MnO_x(RP)催化剂的 TPD 分析

a—单独吸附 NO 时的 NO-TPD 曲线;*b*—NO 与 SO_2 同时吸附后的 NO-TPD 曲线;*c*—同时吸附后 SO_2 的 TPD 曲线

单独吸附 NO 时催化剂的 TPD 曲线(*a* 曲线)出现了两个 NO 脱附峰,分别出现在 100℃ 和 220℃,而第 2 吸附峰的高温端(约 300℃)还有一个极小的肩峰,这说明 MnO_x(RP)上可能存在 3 种吸附活性位。而 NO + SO_2 共吸附时的 TPD 曲线(*b* 曲线)峰面积大大降低,表明催化剂上的 NO 脱附量大大减少;尤其是高温段的 NO 脱附量几乎丧失殆尽,这说明催化剂上对应的此类活性位,即吸附能力较强的后两种吸附位已几乎为 SO_2 占据。同时记录的 SO_2 脱附曲线(*c* 曲线)也具有 2 个脱附峰,分别位于 120℃ 和 230℃ 附近,但 230℃ 的峰形极微弱;第 1 个脱附峰大于 a 曲线的第 1 脱附峰,说明 SO_2 在该催化剂上的吸附能力要强于 NO;而微弱的第 2 个脱附峰则证明有极小部分 SO_2 是不易脱附的,这与 2.4 节的推测完全相符。

4.4 MnO_x(CP)催化剂选择性催化还原 NO

4.2 节和 4.3 节采用新的制备方法使非负载型的 MnO_x 具有

优异的低温活性,同时可在有 SO_2 和 H_2O 存在的反应条件下依然保持一定的催化活性。通过催化剂结构表征和催化活性评价数据的对比分析,可推知:较弱的结晶度或无定形结构有利于 SCR 反应的进行。因此,我们用液相共沉淀法制备了晶化度更低的 MnO_x 催化剂,并对其进行了系统的活性评价和结构表征分析。

4.4.1 实验部分

4.4.1.1 催化剂制备

液相共沉淀法(Co-precipitation Method)也是一种较为常用的制备纳米级 MnO_x 颗粒的方法:先按以下要求准备好三种溶液,为保证溶质的充分溶解,可以将容器置于 40℃ 恒温水浴中并进行搅拌加强溶解效果。

溶液Ⅰ:称取 18.4 g 醋酸锰溶于 500 mL 去离子水中;

溶液Ⅱ:称取 2-3 g 聚乙二醇(PEG400)溶于 100 mL 去离子水中;

溶液Ⅲ:称取 7.9 g 高锰酸钾($KMnO_4$)溶于 300 mL 去离子水中。

准备好三个溶液后,将溶液Ⅱ逐步添加到溶液Ⅰ中,同时进行充分搅拌,随后再加入溶液Ⅲ,开始强烈搅拌。室温条件下,强烈搅拌 6 h 后,将混合液过滤,收集滤纸上的固体物,用去离子水洗涤 3~4 次,抽滤;继续在真空干燥器中 100℃ 干燥 6 h,即可得到 MnO_x 颗粒,经研磨、压片和过筛,制成 40~60 目的颗粒用于后续实验。文中该类型催化剂用 MnO_x(CP)来表示。

4.4.1.2 催化剂活性评价

催化剂评价在连续流动管式固定床反应器(内径 9 mm)中进行,催化剂用量为 0.5 g。模拟烟气的组成为:0.05% NO,0.05% NH_3,3% O_2,N_2 为平衡气,混合气体总流量为 300 mL/min,空速(GHSV)为 47000 h^{-1}。用烟气分析仪在线监测尾气的成分组成及含量。活性评价的温度范围为 50~300℃。

4.4.1.3 催化剂表征

采用第二章 2.6 节所描述的表征手段对催化剂样品进行表征。

4.4.2 结果与讨论

4.4.2.1 催化剂的表征结果

采用液相共沉淀法制备的 MnO_x(CP)催化剂与 MnO_x(RP)、MnO_x(SP)一样也具有较大的比表面积,其比表面积为 96.34 m^2/g,孔体积为 0.278 cm^3/g,平均孔径为 11.54 nm。

MnO_x(CP)的 X 射线衍射结果显示:该催化剂的晶化程度极低,与前述三个 MnO_x 催化剂相比,其衍射峰更为宽化,峰强更弱。此外,从 MnO_x(CP)催化剂样品的 TEM 照片中可以看出其催化剂颗粒直径更小。为便于与前述的 MnO_x 催化剂进行结果对比,分析不同结构对活性所造成的影响,具体的表征结果列于 4.5 节中。

4.4.2.2 催化剂活性评价

MnO_x(CP)的催化活性实验数据列于表 4-8。

表 4-8 MnO_x(CP)活性实验数据

温度/℃	NO_x 转化率/%	温度/℃	NO_x 转化率/%
50	66.45	100	99.601
60	87.62	120	99.803
80	99.443	150	100

如表所示,MnO_x(CP)具有异常优异的低温活性,测试温度区域内的活性数据略高于前述活性最优的 MnO_x(RP)催化剂。

4.4.2.3 H_2O 和 SO_2 对催化剂活性的影响

实验条件:0.5 g 催化剂,80℃,0.05% NO,0.05% NH_3,3% O_2,10% H_2O,0.01% SO_2,N_2 为载气,空速 GHSV = 47000 h^{-1}。

如图 4-17 所示为 H_2O 和 SO_2 对 MnO_x(CP)和 MnO_x(SP)催化剂活性的影响,现在 80℃稳定反应 1 h 后向进气中添加 10% 的

H_2O,催化剂活性逐渐下降,约 1 h 后达到稳定状态,NO_x 转化率下降至 90%左右;停止添加 H_2O 后,催化剂活性可迅速恢复至初始状态。当同时加入 10%的 H_2O 和 0.01%的 SO_2 后,活性下降较明显,至第 3 个小时达到平衡,NO_x 转化率由初始的 98%降至 73%左右;停止添加后,催化活性逐渐恢复,恢复速度先快后慢,最终只能恢复到 90%左右;经加热吹扫处理 1~2 h 后(N_2,280℃),催化剂活性可完全恢复至初始水平。

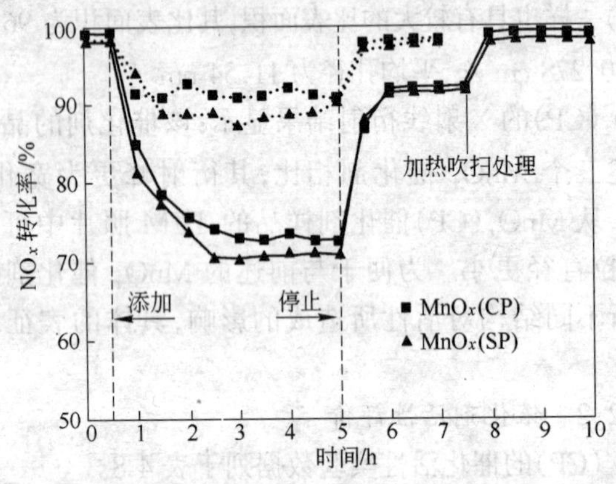

图 4-17 H_2O 和 SO_2 对 MnO_x(CP)和 MnO_x(SP)催化剂活性的影响

虚线:仅添加 10% H_2O;实线:同时添加 10% H_2O 和 0.01% SO_2

在 MnO_x(SP)和 MnO_x(RP)催化剂的影响实验中也出现相似的现象,因此,我们推测对于这三种催化剂而言,由于其物性结构较为相似,因而具有相似的 SCR 特性,可结合在一起进行对比分析,探讨其 SCR 过程的反应机理。

4.5 无定形 MnO_x 催化剂

采用柠檬酸法制备的 MnO_x(CA)具有较好的结晶度,主要为立方相 Mn_2O_3;而分别采用其他方法制备的 MnO_x(SP),MnO_x(RP)和 MnO_x(CP)则显示出不同的结构特性,晶化度极低,部分氧化物呈现无定形结构,比表面积较大,这些特性导致其 SCR 特性的与众不同。因此,本节中将后三种催化剂归为一类,称为无定形 MnO_x 催化剂,与 MnO_x(CA)进行对应的结构和 SCR 特性分析。

4.5.1 不同催化剂物性表征数据对比

四种方法制备的 MnO_x 催化剂的物性表征数据列于表 4-9。从表中我们可以明确看出采用低温固相法制备的 MnO_x(SP)催化剂的比表面积和孔体积最大;MnO_x(CP)和 MnO_x(RP-350)的比表面积较为接近,但前者的孔体积和平均孔径要稍大于后者。此外,MnO_x(RP)的比表面积受焙烧温度影响较大,随着焙烧温度的增加,催化剂比表面积逐渐减小。柠檬酸法制备的 MnO_x(CA)催化剂的比表面积最小,仅为 19.07 m^2/g。

表 4-9 不同方法制备的 MnO_x 催化剂的物性表征数据

催 化 剂	BET 比表面积 /$m^2 \cdot g^{-1}$	孔体积 /$cm^3 \cdot g^{-1}$	平均孔径 /nm
MnO_x(RP-350)	99.02	0.212	9.55
MnO_x(RP-450)	73.41	0.186	9.61
MnO_x(RP-550)	45.73	0.128	10.74
MnO_x(RP-650)	28.05	0.074	11.26
MnO_x(SP)	150.8	0.365	9.69
MnO_x(CP)	96.34	0.278	11.54
MnO_x(CA-600)	19.07	0.072	10.63

4.5.2 XRD 结果分析

焙烧温度对催化剂的晶体结构和氧化态有很大影响,这一点我们已在 4.3 节做了讨论。图 4-18 所示为不同方法制备的 MnO_x 催化剂的 XRD 谱图对比,其中 MnO_x(CA)为 600℃焙烧,MnO_x(RP)为 350℃焙烧。从该图可以看出:与 MnO_x(CA)相比,其他三个催化剂的 XRD 曲线上的衍射峰严重宽化,特征峰的峰强也较低,难以对催化剂的氧化态进行准确的归属判断,通过对比标准卡片,我们认为 MnO_x(RP)

催化剂中主要的氧化态为 Mn_3O_4 和 Mn_2O_3，而 MnO_x(SP)则可能是 MnO_2，Mn_3O_4 和 Mn_5O_8 的混合氧化物。

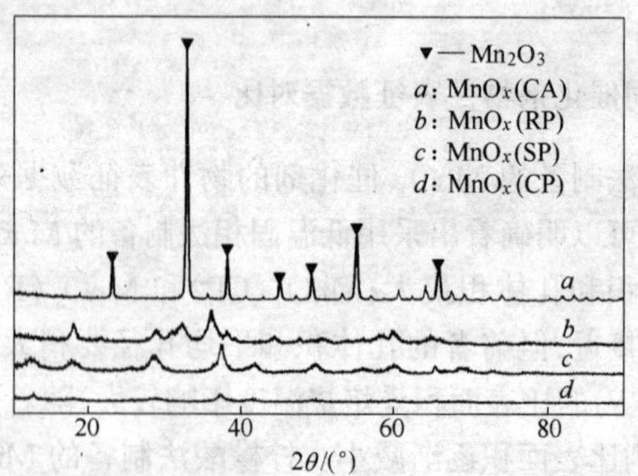

图 4-18　不同方法制备的 MnO_x 催化剂的 XRD 谱图对比

与其他的 XRD 曲线相比，MnO_x(CP)的衍射谱图较为特别，几乎为一条直线，因此无法判断该催化剂的氧化态，但可确定一点——即该催化剂的晶化度更低，这意味着该催化剂可能为无定形结构的锰氧化物。

4.5.3　不同催化剂的 TEM 分析

通过超高分辨透射电镜，我们可以更直观地看到催化剂的微观形貌，结合其他表征结果分析其细部结构特征。如图 4-19 所示为催化剂的 TEM 图片。

由图 4-19*a* 可以看出 MnO_x(CA)催化剂的氧化物颗粒外观较为规则，其颗粒粒径主要分布在 40～60 nm 之间。图 4-19*b* 中 MnO_x(RP)催化剂的颗粒则无规则外形，视图内的颗粒粒径分布并不均一。如图 4-19*c* 所示为采用低温固相法制备的 MnO_x(SP)催化剂，由该图可以清晰地看出视图内的催化剂有两种类型的氧化物颗粒，一种为结晶度较好的棒状颗粒，粒径在 30～60 nm 之间；另一种为粒径更小的絮状颗粒聚集体，其粒径小于 10 nm。如图 4-19*d* 所示为 MnO_x(CP)催化剂，相对于其他催化剂，其催化剂颗粒粒径分布比较均一，主要分布在 10～20 nm 之间，但是颗粒外观也呈无规则形态。

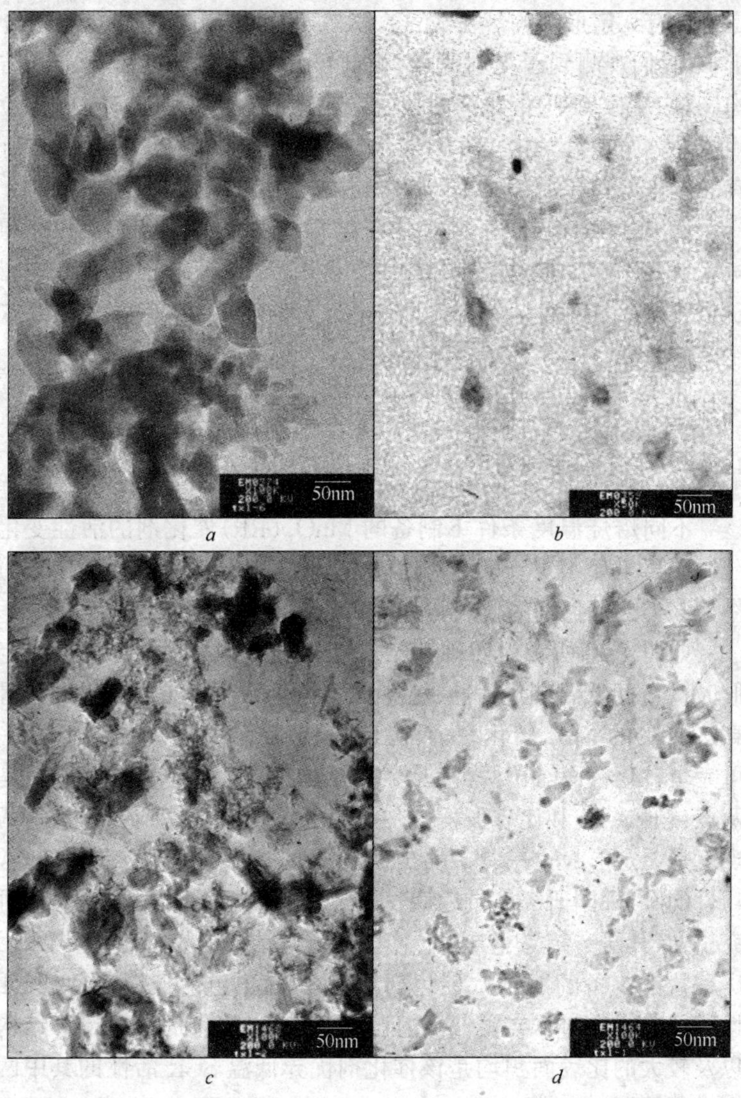

图 4-19　催化剂的 TEM 图片

a—MnO_x(CA)；*b*—MnO_x(RP-350)；*c*—MnO_x(SP)；*d*—MnO_x(CP)

此外，我们还对 MnO_x(CP)、MnO_x(RP-350)和 MnO_x(SP)作了电子衍射分析，该测试可帮助我们进一步判断这些催化剂颗粒是否含有无定形结构。在 MnO_x(RP-350)部分颗粒的电子衍射分析中，我们观测到了衍射光晕，由此可知这些粒子中呈无定形结构。对 MnO_x(SP)催化剂中絮状颗粒物的分析中，也有同样的检测结果。而在对 MnO_x(CP)催化剂的电子衍射分析中，几乎在所有的催化剂颗粒上都能看到这种衍射光晕。

从 XRD 和电子衍射的分析结果可以证实：MnO_x(SP)和 MnO_x(RP-350)催化剂颗粒中均含有无定形结构，尤其是在 MnO_x(CP)催化剂中。换言之，MnO_x 催化剂的晶化度是按以下顺序递减的：MnO_x(CA) > MnO_x(SP) > MnO_x(RP-350) > MnO_x(CP)。

4.5.4 催化剂活性对比

不同焙烧温度条件下制备的 MnO_x(RP)催化剂的活性变化已经在第 4 章 4.3 节系统对比过，这里我们选择 MnO_x(RP-350)作为该类型催化剂的代表与其他几个催化剂进行对比。

如图 4-20 所示为四种 MnO_x 催化剂的 SCR 活性对比，无定形 MnO_x 的低温催化活性明显优于 MnO_x(CA)，80℃时就可获得高达 98% 的 NO_x 转化率，而在 80～150℃温度区域内 NO_x 几乎可完全转化。而对比两类催化剂的结构特性，最明显的差异就是两点：颗粒结构和比表面积。在 4.3.2 节中已经详细讨论过，这两点就是无定形 MnO_x 具有突出低温活性的主要原因。此外，非常巧合的是，韩国研究人员近期发表了一篇关于 MnO_x 催化剂的研究论文，其研究结果竟与本节实验的研究结果极为相似：他们采用碳酸盐法制备的 MnO_x 催化剂，同样具有出色的低温活性，其活性表征曲线也与本文类似；并且该文也提出催化剂的无定形结构以及较大的比表面积均是该催化剂优异低温 SCR 活性的其中两个主要原因。

另外，我们还注意到无定性 MnO_x 催化剂在 50～80℃范围内的低温活性是按以下顺序递减的：MnO_x(CP)＞MnO_x(RP-350)＞MnO_x(SP)，但是它们的 BET 比表面积的递减顺序却是：MnO_x(SP)＞MnO_x(RP-350)≈MnO_x(CP)，催化剂颗粒晶化度递减顺序为：MnO_x(SP)＞MnO_x(RP-350)＞MnO_x(CP)。在这 3 个催化剂中，MnO_x(SP)的比表面积最大，但是其低温活性却是最低的。由此我们有理由相信：相对于催化剂的比表面积而言，催化剂颗粒的无定形结构对催化剂低温活性的影响更重要。

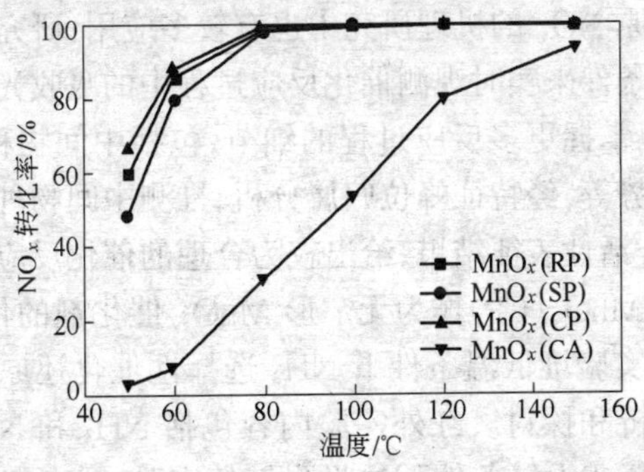

图 4-20　四种 MnO_x 催化剂的 SCR 活性对比

4.6　结论

无定形 MnO_x 催化剂具有理想的低温 SCR 活性，产物 N_2 选择性高，且制备方法简单易行，具有较好的实际应用价值。较大的比表面积和较低的晶化度是该催化剂具有出色低温活性的主要原因。由于无定形催化剂的晶化度极低，可促进 NO 按 E-R 机理进行反应(主要途径)；其次，催化剂较大的比表面积则有利于 NO 按 L-S 机理进行反应。由于竞争吸附，尾气中 SO_2 和 H_2O 对催化剂活性具有一定的影响。当 SCR 反应温度较低时(80℃)，气相中的 SO_2 不会使催化剂表面硫化而永久失活；停止添加 SO_2 和 H_2O 后，竞争吸附逐步消失，催化剂活性可随之恢复。若能找到适合的方法削弱 SO_2 在催化剂表面的吸附，可进一步提高催化剂的抗 SO_2 性能。

5 无定形 MnO_x 催化剂上原位 DRIFTS 分析

原位漫反射傅里叶变化红外光谱分析(In-situ Diffuse Reflectance Infrared Fourier Transform Spectroscopy)是一种实时表征催化剂表面反应中间产物的先进手段,应用颇为广泛。在 NH_3 选择性催化还原 NO_x 的机理研究中也有较多应用:研究人员可以通过改变反应条件来实时观测催化反应过程中的吸收光谱的变化情况,由此可以掌握更多反应过程的细节,包括中间物种的种类、形式及变化趋势等,经特征峰位归属分析,推测中间物种的形成及变化历程,结合活性表征结果,给出较为合理的催化反应机理。

本章以 MnO_x(CP)作为无定形 MnO_x 催化剂的代表,通过原位 DRIFTS 实验堆低温条件下 NH_3 选择性催化还原 NO 的反应机理进行分析和探讨。红外实验内容包括 NH_3 和 NO 分别在催化剂表面有氧或无氧条件下的吸附红外实验;瞬态红外实验以及不同温度下的稳态实验等。在准备实验中我们发现:由于 MnO_x 催化剂为黑色,对光的吸收作用较强,使得红外实验中的信号强度极弱,所得的红外谱图中噪声影响很大,无法准确进行峰位分析。因此,我们向催化剂样品中添加了一定量的 KBr,以加强光谱信号。

5.1 MnO_x(CP)催化剂的原位 DRIFTS 实验

5.1.1 吸附过程 DRIFTS 实验

取适量 MnO_x 催化剂与 KBr 按质量比(5:95)一起,共同研磨,充分混合均匀后用于实验。装填催化剂完毕后,先通入 N_2,稳定在200℃预处理 2 h,除去催化剂表面及原位池内杂质气体,避免干扰;降温至 30℃,稳定 1 h 后再开始实验。保持 30℃,通入 0.05% NH_3 + 3% O_2(或 0.05% NO + 3% O_2),N_2 为平衡气,气体流速 100 mL/min;吸附开始后实时采集图谱并记录。记录时间为 1～30 min。

80℃时的吸附试验步骤与上相同。

5.1.2 瞬态实验 DRIFTS 实验

为考察 SCR 反应开始的瞬间气体成分变化情况,我们设计了两组瞬态实验:

(1) 在催化剂完成预处理后,先通入 0.05% NO + 3% O_2 1 h,待其吸附稳定后,停止供 NO,通入 0.05% NH_3 + 3% O_2,同时开始依时间梯度记录光谱(至 30 min 为止);

(2) 步骤同 1,但通入 NO 和 NH_3 的顺序相反。

5.1.3 稳态实验 DRIFTS 实验

催化剂先经过预处理,在反应气氛下进行稳定的 SCR 反应,每个反应温度点须稳定反应 30～60 min 后,方可进行光谱采集。具体实验条件同 5.1.1 节。

5.2 结果与讨论

5.2.1 30℃ $NH_3 + O_2$ 的吸附红外实验

如图 5-1 所示为 30℃时 $NH_3 + O_2$ 吸附红外光谱,从图 5-1 可以看出,30℃时 NH_3 在无定形 MnO_x 催化剂上的吸附能够迅速达到稳定状态,2 min 后的红外谱图与 30 min 的谱图相比并无较大变化。3100～3400 cm^{-1}区域内有一个较宽的峰形,并随着吸附时间的增加而增强;966 cm^{-1}和 930 cm^{-1}两个峰在 1 min 时已出现,但较弱,之后随着吸附时间的增加而增强。此外还检测到了 1356 cm^{-1}、1400 cm^{-1}、1600 cm^{-1}及 1627 cm^{-1}等 4 个变化较小的峰,以及 1239～1200 cm^{-1}附近的一个较宽的峰区。

为便于进行峰位的归属分析,我们将一部分相关文献的红外实验分析数据整理列于表 5-1。

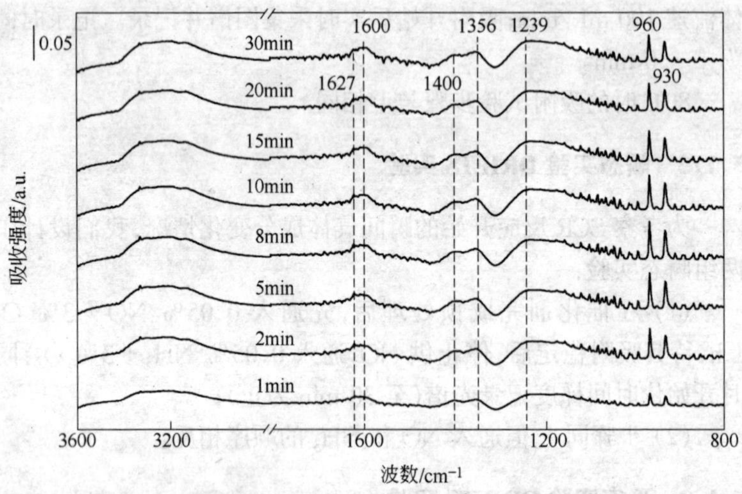

图 5-1 30℃时 NH_3+O_2 吸附红外光谱

表 5-1 NH_3 吸附红外研究的相关数据

催化剂	波数/cm^{-1}	归属判断	资料来源
纯 MnO_x	1620，960，930 1300～1000 1560 3396，3356，3276，3145	气相 NH_3 或弱吸附的 NH_3 Lewis 酸位吸附的 NH_3 -NH_2 N-H 伸缩振动	Qi G.，2004 Ramis G，1990;1996
Cu-Mn/Al_2O_3	1296，1265，1230 3400～3000 960，930	Lewis 酸位吸附的 NH_3 N-H 伸缩振动，配位吸附 NH_3 气相 NH_3 或弱吸附的 NH_3	Qi G.，2004 Cheshkova K. T，2001
纯 CeO_2	1570，1190～1000 1535 1505～1580，1520	Lewis 酸位吸附的 NH_3 酰胺 -NH_2	Qi G.，2004 Ramis G，1990;1996 Ramis G，1990 Tsiganenko，1975
MnO_x/CeO_2	1600 1200 1547，1580，1190～1000 1506	配位吸附 NH_3 配位吸附 NH_3 Lewis 酸位吸附的 NH_3 -NH_2	Qi G.，2004a；2004b

经对比分析可知 3400～3100 cm^{-1}区域应为 N-H 的伸缩振动，可认为是 NH_3 在催化剂表面以氢键与金属氧化物的氧原子之间形成配位吸附；1627 cm^{-1}、966 cm^{-1}和 930 cm^{-1}为气相 NH_3 或催化剂表面弱吸附的 NH_3。1600 cm^{-1}是典型的配位吸附 NH_3 的变形反对称伸缩振动(1200 cm^{-1}附近为变形的对称伸缩振动)；因此，1239～1200 cm^{-1}区域内则可视为催化剂表面 Lewis 酸位吸附的 NH_3 或配位吸附的 NH_3。

另外，NH_3 在催化剂表面吸附的所有物种的红外光谱中并不包含 1400 cm^{-1}和 1356 cm^{-1}这两个峰，因此我们认为这两个峰很可能并不属于 NH_3 的某类吸附物种，而是归属于某种氧化物(类似于硝酸根或亚硝酸根)的峰，在 Ramis G 和 Qi G 的研究中都有类似的报道，这是由于低温条件下，MnO_x 催化剂对于 NH_3 也具有较强的氧化能力。

由以上结果分析可知，30℃时，NH_3 在 MnO_x 催化剂能够很迅速地达到吸附平衡状态，观测中主要以吸附态的 NH_3 物种存在。

5.2.2 80℃ NH_3+O_2 的吸附红外实验

如图 5-2 所示为 80℃不同时间 NH_3+O_2 在 MnO_x 催化剂表面的吸附红外光谱(1800～800 cm^{-1})，由下而上的谱图分别为：1 min、2 min、5 min、8 min、10 min、15 min、20 min 和 30 min 时的吸附红外光谱。966 cm^{-1}和 930 cm^{-1}两处峰值在 1 min 时就已较强，相对于之后的光谱而言，变化较小，可推测在 80℃时 NH_3 在催化剂表面的吸附可以更快地达到平衡态。就光谱峰位而言，与 30℃的吸附光谱相比无显著差异。

为进一步分析不同时间下 NH_3 的吸附光谱的变化，下面将高波数区域和低波数区域的光谱进行局部放大对比分析，以便能更清晰地看到其变化趋势。如图 5-3 所示为 80℃时 NH_3+O_2 吸附红外高波数区域局部图，在图 5-3 中可以清楚地看到在 3400～

3100 cm^{-1}之间有一个较宽的吸附峰区域，其峰强随着吸附时间的增长而增强，初始的 2 min 内变化较大，而 5 min 后的变化趋势减缓。

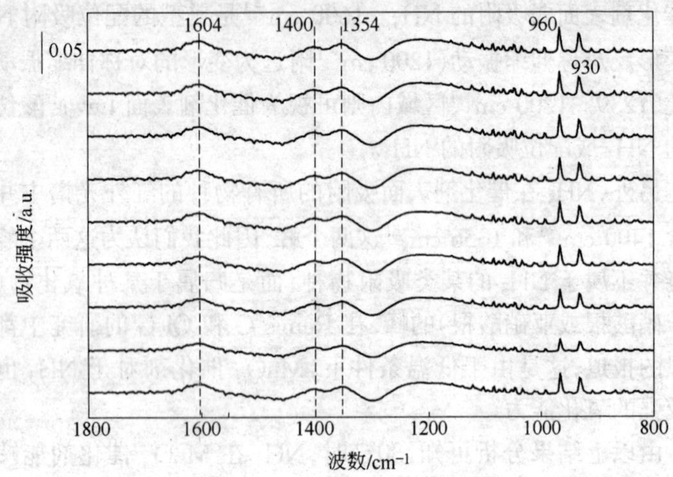

图 5-2　80℃时不同时间 NH_3+O_2 在 MnO_x 催化剂表面的吸附红外光谱

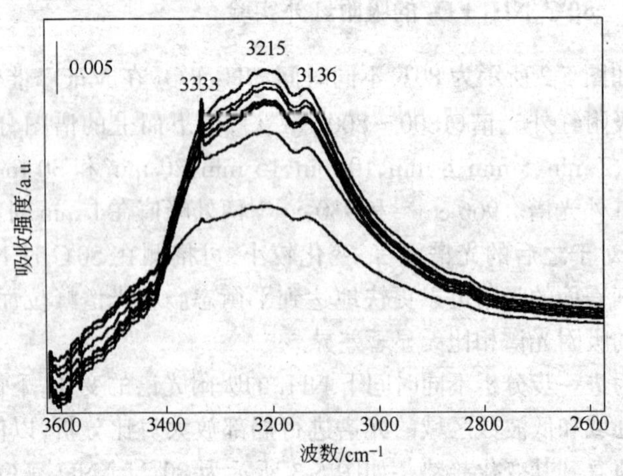

图 5-3　80℃时 NH_3+O_2 吸附红外高波数区域局部图

在此区域内 3333 cm^{-1}处有一个小的尖峰，另外还有 3215 cm^{-1}和 3136 cm^{-1}两个较为明显的峰，应为 N-H 的伸缩振动。根据表 5-1 和 5.2.1 节的分析，这三个峰也可认为是 NH_3 在催化剂表面的配位吸附。

如图 5-4 所示为 80℃时 NH_3+O_2 吸附红外低波数区域局部图，80℃ NH_3+O_2 吸附红外的低波数区域主要在 1624 cm^{-1}、1604 cm^{-1}、1400 cm^{-1}、1354 cm^{-1}、1200 cm^{-1}、966 cm^{-1}及 930 cm^{-1}出现了较为明显的峰。1624 cm^{-1}可归为催化剂表面弱吸附的 NH_3 或气相 NH_3；1604 cm^{-1}和 1200 cm^{-1}附近的宽峰则可能是 NH_3 的配位吸附；966 cm^{-1}和 930 cm^{-1}为气相或表面 L 酸位吸附的 NH_3。1400 cm^{-1}和 1354 cm^{-1}如前推断，可能是 NH_3 在催化剂表面氧化后的氧化物种的吸附红外峰。

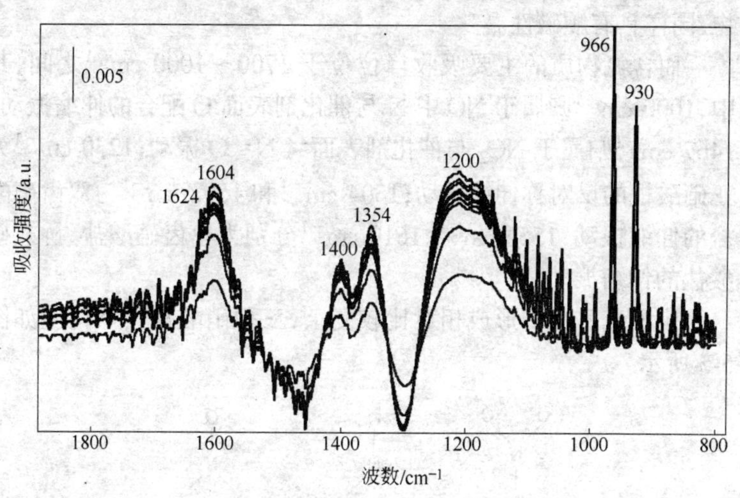

图 5-4　80℃时 NH_3+O_2 吸附红外低波数区域局部图

5.2.3　30℃ $NO+O_2$ 的吸附红外实验

NO 分子中，N 的价电子为 $2s_2^2p^3$，O 的价电子为 $2s_2^2p^4$，共 11 个价电子。成键时，N 原子以 *sp* 杂化方式与 O 原子形成一个 σ

键,再用垂直于 σ 键的键轴方向的 $2p$ 轨道重叠形成一个 2 电子 π 键(正常 π 键)和一个 3 电子 π 键。

NO 的分子轨道为:

$NO[KK(\sigma_{2s})^2(\sigma_{2s}^*)^2(\sigma_{2p})^2(\pi_{2pY})^2(\pi z_{2pZ})^2(\pi_{2py}^*)^1]$

$O_2[KK(\sigma_{2s})^2(\sigma_{2s}^*)^2(\sigma_{2p})^2(\pi_{2pY})^2(\pi_{2pZ})^2(\pi_{2py}^*)^1(\pi_{2pZ}^*)^1]$

这种具有奇数价电子的分子称为奇电子化合物或奇分子。由于 NO 分子中有成单电子,NO 分子具有顺磁性,因此可以自聚合成为 N_2O_2 双聚分子。

NO_2 分子中,N 原子采取 sp^2 杂化态,用两条各有一个单电子的 sp^2 轨道与两个 O 原子分别形成 σ 键,再用与分子平面垂直的 $2p_Z$ 轨道与 O 原子的 $2p_Z$ 轨道重叠,形成一个 3 原子 3 电子(3 中心 3 电子)的正常离域 π 键:Π_3^3,共 17 个价电子,也是奇电子化合物,同样具有顺磁性。

而含氮物质的主要吸收峰位位于 1700~1000 cm^{-1}之间,其中,1000 cm^{-1}归属于 NO 中 N 与催化剂表面 O 配合的伸缩振动,1467 cm^{-1}归属于 NO_2 与催化剂表面氧 N=O 振动;1230 cm^{-1}为亚硝酸根的反对称伸缩振动;1304 cm^{-1}和 1592 cm^{-1}为双齿硝酸盐的伸缩振动,1556 cm^{-1}、1610 cm^{-1}分别为单齿硝酸盐、桥式硝酸盐的伸缩振动。

表面硝酸盐的形成相对比较复杂,三种硝酸盐具体构型如图 5-5 所示。

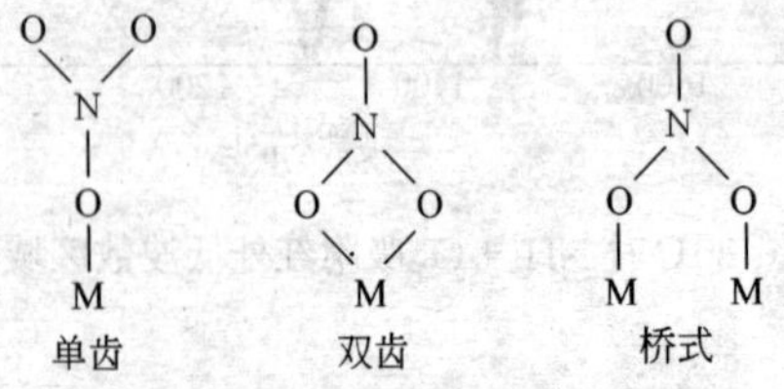

图 5-5　硝酸根与催化剂表面作用的三种构型

类似的还有桥式亚硝酸盐和单齿亚硝酸盐,以及桥式硝基—

亚硝酸盐和硝基物种如图 5-6 所示为 NO_x 在催化剂表面的其他构型,其对应的特征振动谱带列于表 5-2 中。

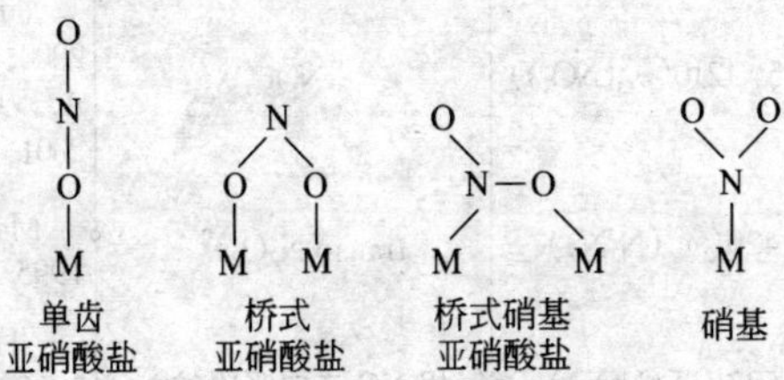

图 5-6　NO_x 在催化剂表面的其他构型

表 5-2　NO 吸附红外研究的相关数据

催化剂	波数(cm^{-1})及振动类型	归属判断	资料来源
纯 MnO_x	1902, 1848(v(NO))	气相 NO 或弱吸附的 NO	Hadjiivanov K., 2000; Martinez-Arias A., 1995; Ramis G., 1996
	1627, 1595($v_{as}(NO_2)$)	气相 NO 或弱吸附的 NO_2	Hadjiivanov K., 2000; Martinez-Arias A., 1995;
	1550, 1270, 1025 ($v(NO_3)$)	NO_3^{-1}	Hadjiivanov K., 2000; Martinez-Arias A., 1995; Ramis G., 1996
	1170, 1120(v_{as}(NO))	NO^-	Antcheva M. 2001; Ramis G., 1990; 1996
MnO_x-CeO_2	1906, 1845(v(NO))	气相 NO 或弱吸附的 NO	Hadjiivanov K., 2000; Martinez-Arias A., 1995; Ramis G., 1996
	1787(v_{as}(NO))	cis-$(NO)_2$	Martinez-Arias A., 1995;
	1760(v_{as}(NO))	trans-$(NO)_2$	Martinez-Arias A., 1995;
	1102(v_{as}(NO))	trans-$(N_2O_2)^{2-}$	Martinez-Arias A., 1995; Kobel M., 2002
	1350, 1011(v_{as}(NO))	cis-$(N_2O_2)^{2-}$	Kobel M., 2002
	1677, 1585, 1550, 1382, 1270, 1070 ($v_{as}(NO_3)$)	NO_3^-	Hadjiivanov K., 2000; Ramis G., 1996; Kobel M., 2002

续表 5-2

催化剂	波数(cm^{-1})及振动类型	归属判断	资料来源
MnO_x-CeO_2	1245，1210($v_{as}(NO_2)$)	NO_2^-	Hadjiivanov K.，2000；Martinez-Arias A.，1995；Kobel M.，2001
	1420(v_{as}(N-N))	trans-$(N_2O_2)^{2-}$	Martinez-Arias A.，1995
	1623($v_{as}(NO_2)$)	气相 NO 或弱吸附的 NO_2	Hadjiivanov K.，2000；Martinez-Arias A.，1995
	1180(v_{as}(NO))	NO^-	Kobel M.，2002
MnO_x/NaY	1500～1565 1260～1300	双齿硝酸盐	Hadjiivanov K.，2000；Varetti W. L.，1971
	1600～1650 1170～1225	桥式硝酸盐	Hadjiivanov K.，2000
	1266～1314($v_{as}(NO_2)$) 1176～1203($v_s(NO_2)$)	桥式亚硝酸盐	Hadjiivanov K.，2000；Nakamoto K.，1978
	1065～1206(v(N-O)) 1375～1470(v(N=O))	单齿亚硝酸盐	Nakamoto K.，1978
	1180～1260(v(N-O)) 1390～1520(v(N=O))	桥式硝基-亚硝酸盐	Nakamoto K.，1978
	1375～1650($v_{as}(NO_2)$) 1250～1350($v_s(NO_2)$)	硝基	Hadjiivanov K.，2000；1998
	1380～1400($v(NO_3)$)	NO_3^{-1}	Bentrup U，2001；Hasjiivanov K. I，2000
Mn_3O_4/AC	1385($v(NO_3)$)	NO_3^{-1}	Marbán G，2004；Eguchi K，1998；2002

注：v—对称伸缩振动；v_{as}—反对称伸缩振动。

如图 5-7 所示为 30℃ 时 NO + O_2 吸附红外光谱，如图 5-8 所示为 30℃ 时 NO + O_2 吸附红外光谱对比图，由图 5-7 和图 5-8 可知：不同时间的吸附红外光谱变化非常明显，随着 NO + O_2 在 MnO_x 催化剂上吸附时间的延长，光谱上对应出现了十余个吸附特征峰，即催化剂表面生成了很多 NO_x 吸附物种，其中1500～

1300 cm^{-1}区域内光谱变化最为显著，1391 cm^{-1}、1362 cm^{-1}、1315 cm^{-1}均随着时间的增加而增强，其次还有 1766 cm^{-1}、1627 cm^{-1}、1600 cm^{-1}、1210 cm^{-1}、1038 cm^{-1}、833 cm^{-1}、817 cm^{-1}等，这几个峰亦随吸附时间的增加而增强，但增强的趋势较弱。但 1210 cm^{-1}峰较为特别，从 1 min 时已出现，1.5 min 时较为显著，随后逐渐减小，7 min 后便消失。

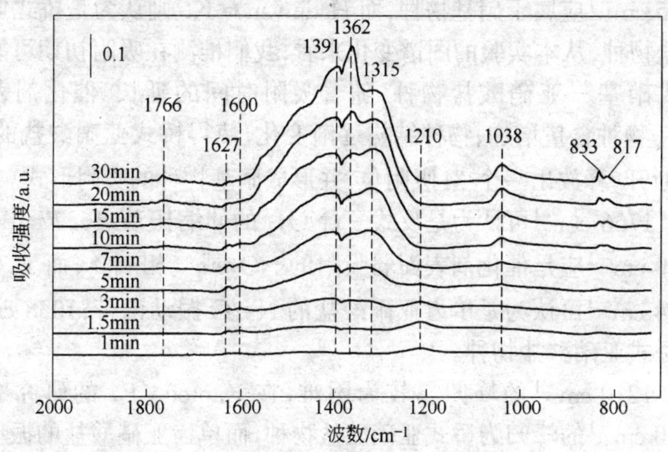

图 5-7　30℃时 NO + O_2 吸附红外光谱

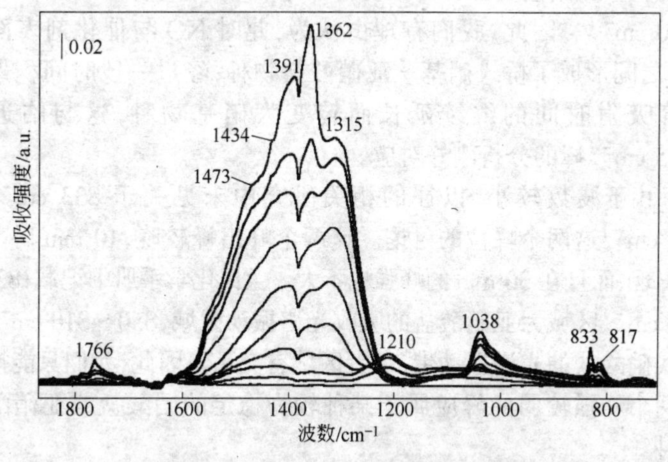

图 5-8　30℃时 NO + O_2 吸附红外光谱对比图

根据相关文献分析我们对变化较为显著的 1391 cm^{-1}、1362 cm^{-1}和 1315 cm^{-1}进行了归属分析：1391 cm^{-1}应为硝酸盐的伸缩振动；1362 cm^{-1}峰尚未有清晰的归属结论，相关的研究报道极少，仅仅粗略地认为应属于某种硝酸盐或亚硝酸盐，结合我们的实验结果来看，将其视为硝酸盐与亚硝酸盐的结合体可能更为合适。1315 cm^{-1} 为 O = N-O 的振动谱带，Richter M 认为 1315 cm^{-1}应属于硝基物种，而 Hadjiivanov K. 则认为是桥式亚硝酸盐物种，从本实验的图谱变化来看，我们推测在吸附初期可能为桥式硝基－亚硝酸盐物种，随着吸附时间的延长，催化剂表面 NO_x 物种含量增加，物种结构逐渐变化，使得桥式亚硝酸盐的 O-M 断开，释放出一个 M 吸附位，并形成硝基物种的吸附形式。

1766 cm^{-1}可认为是反式－$(NO)_2$ 的伸缩振动；1627 cm^{-1}和 1600 cm^{-1}应是催化剂表面弱吸附的 NO_2 或气相 NO_2；而 1473～1434 cm^{-1}可认为是单齿亚硝酸盐的 N=O 振动谱带；1038 cm^{-1}为桥式亚硝酸盐物种。

1210 cm^{-1}的峰归属较为困难，在 Kapteijn F. 的研究中将 1230 cm^{-1}的峰归为桥式亚硝酸盐物种，而单齿亚硝酸盐的振动谱带是在 1206～1065 cm^{-1}以及 1470～1375 cm^{-1}区域内，此外，桥式硝基－亚硝基复合物的振动谱带为 1260～1180 cm^{-1}和 1520～1390 cm^{-1}。因此，我们有理由认为，此时 NO 与催化剂表面的 Mn 之间形成了桥式硝基－亚硝酸盐物种，经过一段时间积累后随着吸附时间的继续延长而转变为硝基物种，这与临近的 1315 cm^{-1}峰的分析刚好对应。

由于波数较小，以往的相关研究中未见关于 833 cm^{-1}和 817 cm^{-1}这两个峰位的讨论。这两个峰出峰较晚，10 min 后才开始出现，而且在 30 min 的峰强也不大。兰氏化学手册中记载：835～800 cm^{-1}区域为亚硝酸盐的吸收光谱振动区域，850～810 cm^{-1}为顺式硝酸盐的光谱振动带，二者区域有交叉。因此，我们只能推断这两个峰强较弱的峰应属于某种较为稳定的硝酸盐或亚硝酸盐物种。

5.2.4 80℃ $NO+O_2$ 的吸附红外实验

对比 5.2.3 节的吸收光谱，可以看出 80℃ 的吸收光谱在最显著的 1500～1300 cm^{-1}区域发生了较大的变化(图 5-8)。30℃ 的吸收光谱上的 3 个主要谱峰在 80℃ 的吸收光谱上消失：1391 cm^{-1}、1362 cm^{-1}和 1315 cm^{-1}，取而代之是两个较强的谱峰区域，1434 cm^{-1}和 1300 cm^{-1}。

新出现的峰位有：1555 cm^{-1}、1500 cm^{-1}、1461 cm^{-1}、1420 cm^{-1}、1333 cm^{-1}、1300 cm^{-1}和 1143 cm^{-1}。其中1555 cm^{-1}、1461 cm^{-1}、1434 cm^{-1}和 1300 cm^{-1}均随着吸附时间的延长而增强；1500 cm^{-1}、1420 cm^{-1}和 1333 cm^{-1}处的峰在初始的5 min内变化趋势清晰，在 10 min 后却逐渐被增长较快的 1434 cm^{-1}和1300 cm^{-1}峰所掩盖，如图 5-9 所示为 80℃ 时 $NO+O_2$ 吸附红外光谱，如图 5-10 所示为 80℃时，也有可能是在吸附过程中发生了结构转化。

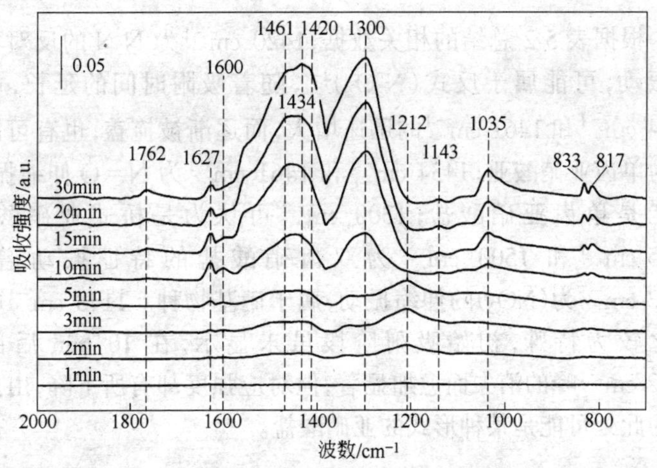

图 5-9 80℃时 $NO+O_2$ 吸附红外光谱

此外，30℃ 的吸收光谱上原有变化较弱的几个峰在 80℃ 时仍然存在：1762 cm^{-1}、1627 cm^{-1}、1600 cm^{-1}、1212 cm^{-1}、1035 cm^{-1}、

833 cm^{-1}和 817 cm^{-1},其吸附物种构型也应未变化,与前述一致。

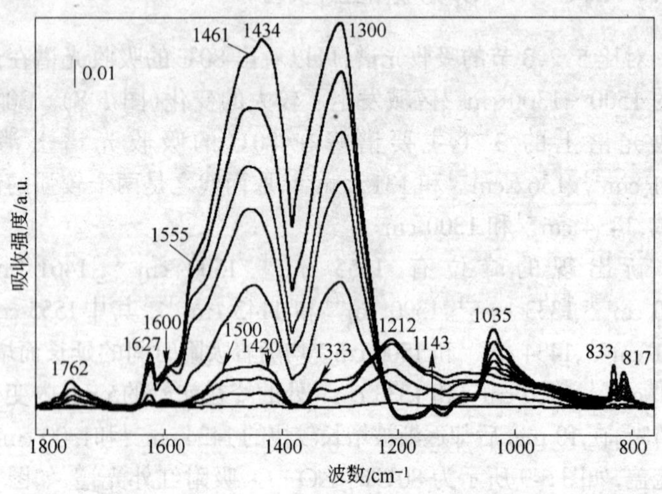

图 5-10　80℃时 NO + O_2 吸附红外光谱对比图

根据表 5-2 总结的相关数据,1420 cm^{-1}为 N-N 的反对称伸缩振动,可能属于反式$(N_2O_2)^{2-}$,随着吸附时间的延长,由于 1434 cm^{-1}和 1461 cm^{-1}的迅速增大,而逐渐被掩盖,也有可能转变为单齿亚硝酸亚;1434 cm^{-1}和 1461 cm^{-1}为 N = O 伸缩振动,可能是单齿亚硝酸盐;1300 cm^{-1}可认为是桥式亚硝酸盐;1555 cm^{-1}和 1500 cm^{-1}为双齿硝酸盐的特征振动谱带;1333 cm^{-1}为(NO_2)的伸缩振动,属于硝基物种。1143 cm^{-1}峰的变化较为特殊,初始吸附阶段虽未显示,在 10 min 后由于 1212 cm^{-1}峰的消失而愈加显著,但对应强度却有所下降,由此可认为此处可能是某种形式的亚硝酸盐。

5.2.5　瞬态实验的 DRITS 结果分析

前面 4 节系统分析了 NO 和 NH_3 在 MnO_x 催化剂表面分别吸附的情况,本节在此基础上进行了两组瞬态反应实验,以观测 SCR 反应过程中的催化剂表面物种变化情况。

首先进行的实验中，先持续通入 $NO+O_2$，吸附 1～2 h 后停止，改为通入 NH_3+O_2。如图 5-11 所示为瞬态实验（先 $NO+O_2$ 吸附平衡后，再通入 NH_3+O_2），刚通入 NH_3，3333～3136 cm^{-1}区域内迅速产生了 N-H 的伸缩振动，应是 NH_3 在催化剂表面以氢键与金属氧化物的氧原子之间形成配位吸附，随着时间的延长，该区域峰形逐渐增强，说明催化剂表面 NH_3 吸附量的持续增加。

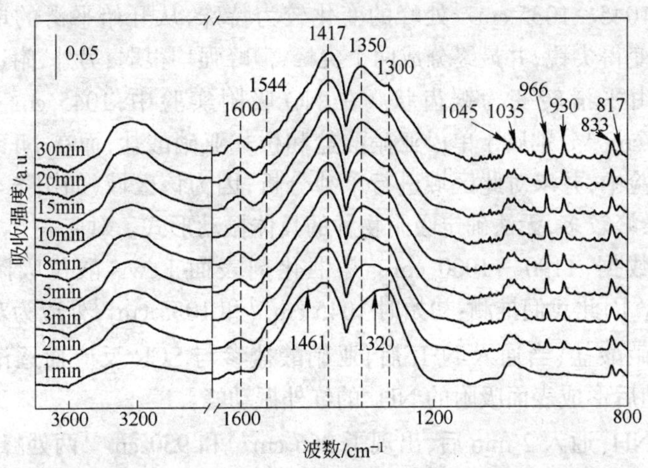

图 5-11　瞬态实验（先 $NO+O_2$ 吸附平衡后，再通入 NH_3+O_2）

如图 5-11 所示，在 1 min 时，我们发现红外谱图上靠近 1600 cm^{-1}的 1624 cm^{-1}处还有一个非常小的峰，可能是表面 NO_2 或是反应生成的 H_2O（Qi G.，2004），消失很快；1600 cm^{-1}峰随着实验时间而增大，但幅度不大，对比前面的分析可知这是 NH_3 在催化剂表面的弱吸附。1544 cm^{-1}峰为双齿硝酸盐物种，随着表面 SCR 反应的继续而逐渐消失；同样地，1461 cm^{-1}峰也随着反应进程而消失，且消耗速度更快，即活性更高，其对应的是单齿亚硝酸盐；1320 cm^{-1}附近为一宽峰，应为桥式亚硝酸盐和硝基物种的两类吸附物种的特征峰的叠加，其活性较前两者更高，1 min 后就已基本消失。

1417 cm^{-1}处峰始终较为明显，2 min 后即处于较为稳定的状态，在初始阶段应为 NO 在催化剂表面吸附所形成的反式$(N_2O_2)^{2-}$，通入 NH_3 后由于催化剂较强的氧化作用，将 NH_3 氧化成了类似的 NO_x 物种，而使得该峰依然存在。同样地，在 1350 cm^{-1}和 1300 cm^{-1}分别对应的硝基和亚硝酸盐物种也可能是 NH_3 氧化的产物。

1045～1035 cm^{-1}处峰的变化较为特殊，从开始平滑的单峰逐渐变得尖锐，并最终分成两个尖峰，但峰强均很弱；另外，附近区域也由平滑转变为锯齿状。在 NO 吸附实验中，1045 cm^{-1}和 1035 cm^{-1}分别属于单齿亚硝酸盐和桥式亚硝酸盐；而在 NH_3 吸附实验中，并未对此区域进行单独分析，因为该区域(如图 5-4 所示)杂峰较多，无法确定吸附物种的具体振动形式。对应表 5-1 的相关数据，1190～1000 cm^{-1}是催化剂表面 Lewis 酸位吸附的 NH_3。因此我们推测：初始时 1045 cm^{-1}和 1035 cm^{-1}处应为对应的亚硝酸盐，当通入 NH_3 后，亚硝酸盐参与 SCR 反应而逐渐消耗，随后形成表面吸附的 NH_3 的红外振动峰。

NH_3 通入 2 min 后，出现了 966 cm^{-1}和 930 cm^{-1}两处峰，为催化剂表面弱吸附的 NH_3 或气相 NH_3，5 min 后此处峰强变化极小，说明 NH_3 在表面的吸附可以很快完成。833 cm^{-1}和 817 cm^{-1}峰从前述推断应为某种较为稳定的硝酸盐或亚硝酸盐，因而在30 min的反应时间内，833 cm^{-1}峰几乎没有什么变化，817 cm^{-1}峰也只是略有下降。

随后进行的另一个瞬态实验中，改变了 NO 和 NH_3 的通入顺序：即先持续通入 NO + O_2，吸附 1～2 h 后停止，改成通入 NH_3 + O_2。如图 5-12 所示为瞬态实验(先 NH_3 + O_2 吸附平衡后，再通入 NO + O_2)，催化剂表面以配位吸附形式存在的 NH_3 由于 SCR 反应的消耗，其在 3333 cm^{-1}、3215 cm^{-1}和 3316 cm^{-1}处对应的峰强不断减弱；1600 cm^{-1}(配位吸附 NH_3 的变形反对称伸缩振动)及 1627 cm^{-1}(气相 NH_3 或催化剂表面弱吸附的 NH_3)处峰强亦同样逐渐减弱。

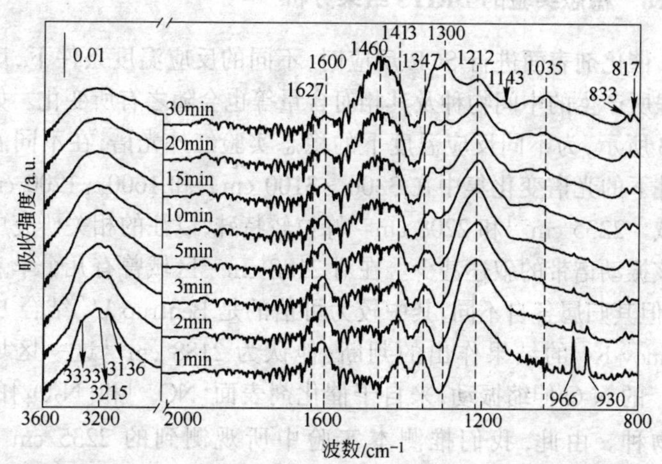

图 5-12　瞬态实验(先 NH_3+O_2 吸附平衡后,再通入 $NO+O_2$)

1413 cm^{-1}、1347 cm^{-1}和 1212 cm^{-1}的 3 个峰变化趋势雷同,均随着 NO 的不断通入而减小或消失。1413 cm^{-1}为反式 $(N_2O_2)^{2-}$,随着 1460 cm^{-1}处单齿硝酸盐峰的持续增强而逐渐被掩盖;1347 cm^{-1}为硝基物种,随着 1300 cm^{-1}处桥式亚硝酸盐的增强而消弥或者渐渐转化为亚硝酸盐。1212 cm^{-1}处在初始阶段为催化剂表面 Lewis 酸位吸附的 NH_3 或配位吸附的 NH_3,随着反应的进行而不断消耗,但同时 NO 与催化剂表面的 Mn 之间形成的桥式硝基—亚硝酸盐物种,经过一段时间积累后随着吸附时间的继续延长而转变为硝基物种,也是在这个谱带出现振动光谱。因此总体看来,1212 cm^{-1}峰在反应过程中呈现逐渐减少的趋势,而非消失。在反应终点,还出现了因 NO 吸附造成的 1035 cm^{-1}峰——桥式亚硝酸盐物种

966 cm^{-1}、930 cm^{-1}、833 cm^{-1}和 817 cm^{-1}等峰的归属分析与前面的分析一致。表面弱吸附的 NH_3 及气相 NH_3 在 2 min 后基本消失(966 cm^{-1}、930 cm^{-1});而随着 NO 的持续吸附,催化剂表面形成了某种相对稳定的硝酸盐物种(833 cm^{-1}、817 cm^{-1})。

5.2.6 稳态实验的 DRITS 结果分析

催化剂表面进行 SCR 反应时，不同的反应温度条件下，反应过程所产生的中间物种及其相对含量等也会随之有所变化。如图 5-13 所示，为不同反应温度下的稳态实验红外光谱，在不同温度条件下的光谱变化集中在 3300～3100 cm^{-1}和 1600～1200 cm^{-1}区域。2235 cm^{-1}和 2208 cm^{-1}峰位较特殊，以往的相关研究中涉及该振动谱带的叙述甚少。在对 2188 cm^{-1}区域曾有几个学者报道，但其归属各自不同，其中较为可信的是 Bentrup U. 结合 Hadjiivanov K. 的结果作出的判断：他认为 2188 cm^{-1}这一区域为 NO^+ 的 N-O 伸缩振动，来自于催化剂表面[NO^+]和[N_2O_4]的加合物种。由此，我们推测本实验中所观测到的 2235 cm^{-1}与 2208 cm^{-1}峰也可能是属于类似结构的物种。

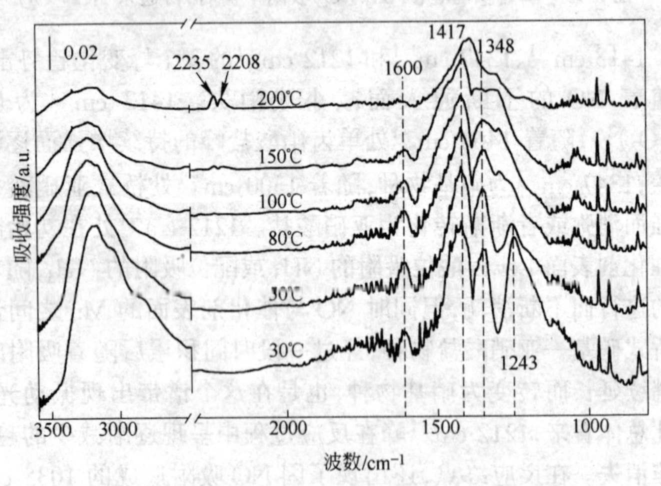

图 5-13 不同反应温度下的稳态实验红外光谱

如图 5-14 所示为稳态实验红外光谱高波数局部放大图，我们可以清楚地看到高波数区域的红外光谱变化，如前所述，该区域对应的是 N-H 的伸缩振动，为 NH_3 在催化剂表面以氢键与金属氧化物的氧原子之间形成配位吸附。一方面,随着反应温度的升高,催化剂表面 SCR 反应速度加快,NH_3 的消耗增大;另一方面,温度升高削弱了催化剂的吸附能力。因此,导致表面吸附 NH_3 的含量水平降低。

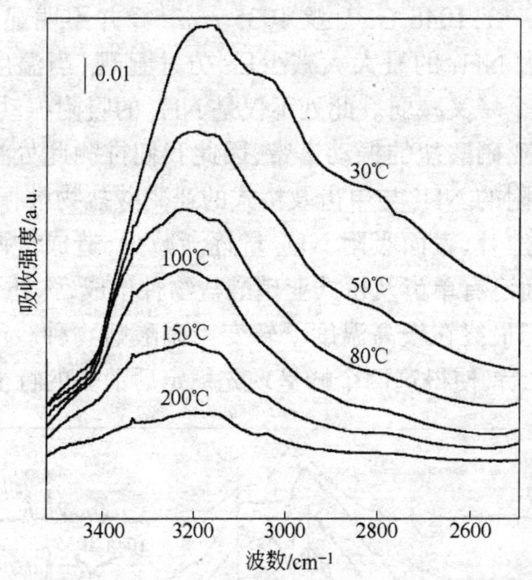

图 5-14 稳态实验红外光谱高波数局部放大图

图 5-15 所示为稳态实验红外光谱对比的低波数局部图谱。总体变化趋势较为直观,随着反应温度上升,红外光谱上的特征峰位逐渐减少,这是由于 SCR 反应速度加快,中间物种的生成、转变以及生成物的脱附等过程均进行得很快,所以在实验中无法观测到这些物种对应的特征振动峰。

30℃的红外谱图中峰位相对最为丰富,其峰位归属之前已有叙述。1600 cm^{-1}和 1122 cm^{-1}应为催化剂表面 Lewis 酸位弱吸附的 NH_3 或气相 NH_3,随着温度升高,反应消耗和脱附均加速,对应红外振动峰强度逐渐减弱;1420 cm^{-1}可看做$(N_2O_2)^{2-}$,亦可视为单齿硝酸盐物种;1348 cm^{-1}和 1247 cm^{-1}均可归为硝基物种。随反应温度升高,大部分参与反应的活跃的硝基物种消耗速度加快,表面 M 空位开始增多,则有一部分硝基与临位的 M 成键,形成桥式亚硝酸盐物种(1300 cm^{-1})。当温度升至200℃后,相对较为活跃的亚硝酸盐物种的光谱渐渐减弱,而1400 cm^{-1}附近的硝酸盐的振动峰却逐渐增强。由于低温时NH_3吸附谱峰振动的影响(1122 cm^{-1}),1048 cm^{-1}及1035 cm^{-1}峰并不明显,当温度升高,表面吸附NH_3的量大大减少后,方才显现,当温度继续升至200℃后,两个峰又减弱。此处不仅是NH_3的吸附振动区域,还是单齿及桥式亚硝酸盐的振动谱带,因此我们推测此处在初始阶段应为表面吸附的NH_3与单齿及桥式的亚硝酸盐物种振动的叠加,随着温度的上升,表面吸附NH_3量逐渐减少,造成这两个峰的出现,此外表面已有单齿及桥式亚硝酸盐物种生成,弥补了该红外谱带的削弱,但最终在较高温度下转变为硝酸盐物种。所以总体看来在30℃之后,使得这两个峰呈现先稳定后消失的特征。

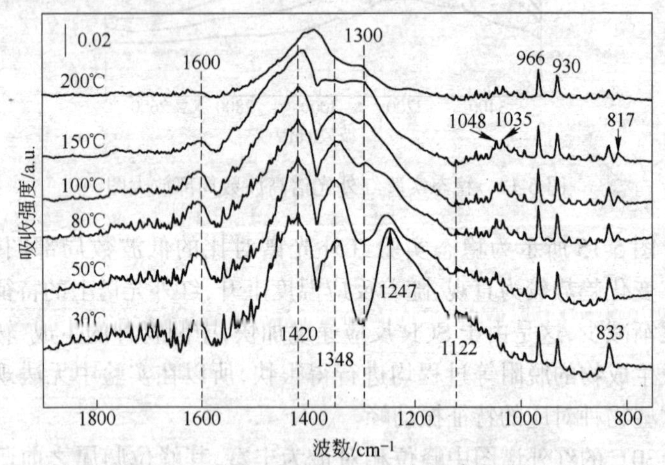

图 5-15　稳态实验红外光谱低波数局部图

966 cm^{-1}和933 cm^{-1}对应为催化剂表面弱吸附的NH_3,随着温度升高,峰强降低幅度较小,说明MnO_x催化剂对NH_3具有较强的吸附能力。833 cm^{-1}和817 cm^{-1}的处在前面的分析中归属于某种较为稳定的硝酸盐或亚硝酸盐物种,而两者的变化趋势却有所不同。30℃时,833 cm^{-1}处就已出峰,随着温度升高而减弱;

至 80℃时，817 cm^{-1}才出峰，其峰强在 100℃时略有增强，之后与 833 cm^{-1}峰一起渐弱，至 200℃时均已弱化几近消失。由此看来，这两个峰对应的并非同一种结构的物种，相对而言，833 cm^{-1}处对应的结果比较容易形成；结合 $NO + O_2$ 红外分析结果可进一步得知，这两个物种在温度较低的条件下均不易生成，只有通入气体时间较长或是反应温度较高时才会出现，随着反应温度的进一步升高，也会参与反应而消耗，但与其他类型的硝酸盐和亚硝酸盐物种相比，活性不高，结构较为稳定。

5.3 原位 DRIFTS 实验结果小结

作为还原剂的 NH_3 在 MnO_x 催化剂表面的吸附速度较快，光谱中观测到的物种均为 NH_3 的吸附形式，并未看到其他构型（如 NH_2^- 或 NH_4^+ 等）。NO 在 MnO_x 催化剂表面的吸附受温度条件影响很大，30℃时 NO 在催化剂表面吸附产生的主要物种除硝基物种和亚硝酸盐外，还有硝酸盐；而 80℃时表面吸附物种中多为亚硝酸盐物种，未发现硝酸盐的特征峰。

瞬态实验结果证明：表面吸附物种中单齿亚硝酸盐、桥式亚硝酸盐和硝基物种具有较高的活性，可与表面吸附的 NH_3 物种迅速反应，反应速率随温度上升而加快。虽然温度的升高对于反应气体在催化剂表面的吸附不利，但由于 NH_3 在催化剂表面的吸附速度极快，仍可以满足 SCR 反应的需要。

此外，从稳态实验结果可以看出：低温条件下 MnO_x 催化剂表面就可形成大量具有较高活性的硝基物种，当反应温度升高后，SCR 反应加速，硝基物种被大量消耗；随着温度的进一步升高，表面的 NO_x 吸附物种逐渐转变为硝酸盐形式。

5.4 无定形 MnO_x 催化剂上的 SCR 反应机理推测

从催化剂结构分析可知：一方面，无定形 MnO_x 催化剂本身较低的晶化度有利于反应物的活化，可促进 NO 按照 E-R 机理反应；另一方面，无定形 MnO_x 催化剂较大的比表面积使其具有良好的吸附能力，亦可促进 NO 按照 L-H 机理反应。

如第 4 章 4.2.2.6 节所分析：SCR 活性实验证明反应物的活化是无定形 MnO_x 催化剂具有良好低温活性的关键因素，即 NH_3 首先在 MnO_x 催化剂上吸附活化后，再与气相中的 NO 反应生成 N_2（与 E-R 机理吻合）；而 SO_2 影响实验和 TPD 的实验结果又显示，SO_2 的加入能够显著影响 NO 在催化剂表面的吸附，使催化剂活性有所下降（与 L-H 机理相符）。此外，SO_2 的引入虽大大削弱了催化剂表面的 NO 吸附量，但催化剂活性仍可维持在 70% 左右，说明该催化剂上只有少部分的 NO-SCR 反应是按照 L-H 机理进行。Kijlstra 对 MnO_x/Al_2O_3 的研究中也有类似的现象，他认为在 200℃以下，NO 在该催化剂上的催化还原是同时按照 E-R 和 L-H 两种机理平行进行的，但以前者为主。

在原位红外实验中发现：还原剂 NH_3 在无定形 MnO_x 催化剂表面的吸附速度较快，观测到的物种主要为催化剂上 Lewis 酸位吸附的 NH_3 或表面弱吸附的 NH_3；此外，虽未观测到 NH_2 或 NH_4^+ 等其他构型的红外光谱，但考虑到中间产物的活性很高，其生成和反应速率均很快，因此 NH_2 或 NH_4^+ 的存在是极有可能的。另外，我们还观测到：在 80℃时，NO 就可在无定形 MnO_x 催化剂表面形成大量活性中间产物，硝基物种、单齿亚硝酸盐、桥式亚硝酸盐和硝酸盐等。其中硝基物种和亚硝酸盐物种活性较高，尤其是硝基物种，可迅速与表面吸附的 NH_3 物种反应，反应速率随温度上升而加快。虽然温度的升高对于反应气体在催化剂表面的吸附不利，但由于 NH_3 在催化剂表面的吸附速度极快，仍可以满足 SCR 反应的需要。

硝基物种、单齿亚硝酸盐和桥式亚硝酸盐物种参与 SCR 反应的具体过程可以分别表示如下。

```
        O ┆ O   H   H ┆
         \ └-/---\--/-┘
          N       N              O
          |                      |
硝基物种:{-O-Mn-O-}  ——→  {-O-Mn-O-}+N₂+H₂O
```

O H H

N N

O O

单齿亚硝酸盐：{-O-Mn-O-} ——→ {-O-Mn-O-}+N_2+H_2O

N N

O O H H O

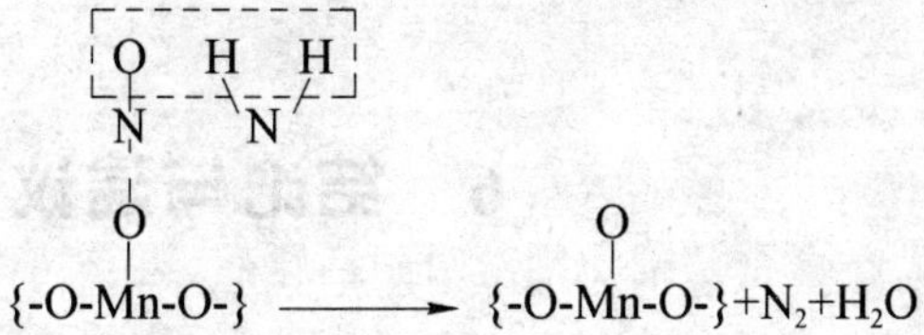

桥式亚硝酸盐：{-O-Mn-O-Mn-O-} ——→{-O-Mn-O-Mn-O-}+N_2+H_2O

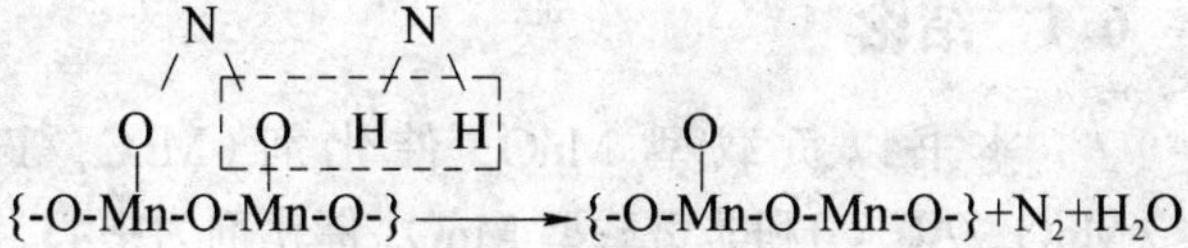

综合以上分析结果,我们推测 NO 在无定形 MnO_x 催化剂上的 SCR 反应也是同时按照两种机理进行的：

$$O_2(g)\rightarrow 2O(a) \tag{5-1}$$

$$NH_3(g)\rightarrow NH_3(a) \tag{5-2}$$

$$NH_3(a)+O(a)\rightarrow NH_2(a)+OH(a) \tag{5-3}$$

$$NO(g)+O(a)\rightarrow NO_2(a) \tag{5-4}$$

$$NO(g)+O(a)\rightarrow NO_2^-(a) \tag{5-5}$$

$$NH_2(a)+NO(g)\rightarrow N_2(g)+H_2O(g) \tag{5-6}$$

$$NH_2(a)+NO_2^-(a)\rightarrow N_2(g)+H_2O(g)+O(a) \tag{5-7}$$

$$OH(a)+NO_2(a)\rightarrow HNO_2(a)+O(a) \tag{5-8}$$

$$NH_3(a)+HNO_2(a)\rightarrow NH_4NO_2\rightarrow NH_2NO(a)+H_2O(g)\rightarrow N_2(g)+2H_2O(g) \tag{5-9}$$

式(5-5)中 NO_2^- 代表硝基物种、单齿硝酸盐和桥式硝酸盐物种。NO 在无定形 MnO_x 催化剂上存在两种 SCR 机理,各自进行的程度和所占的比重有所不同,相比较而言,以 E-R 机理为主,见式 5-6。

6 结论与建议

6.1 结论

本书以负载型 MnO_x 催化剂（MnO_x/TiO_2、MnO_x/AC、$MnO_x/AC/C$）和非负载型 MnO_x 催化剂为中心，针对固定源尾气特征，开展了系统的低温选择性催化还原 NO_x 技术和反应机理研究。独立研制出的新型无定形 MnO_x 催化剂具有极为突出的低温活性和较好的稳定性，并通过系统的实验提出了催化剂的最佳制备工艺及 SCR 反应工艺条件。利用先进的催化剂和催化反应原位表征技术，进一步探讨了选择性催化还原 NO_x 的反应机理，为解决 NO_x 污染问题提供理论依据，为低温净化 NO_x 的产业化提供技术支持。

主要结论如下：

(1) 浸渍法制备的 MA-MnO_x/TiO_2 催化剂低温活性良好：100℃时 NO_x 转化率达 70%左右，150℃时 NO 几乎可完全转化；Mn 最佳负载量为 20%；O_2 含量对 SCR 反应影响较大，无氧时 SCR 反应无法进行，O_2 含量大于 2%时较为理想。

(2) 在自行制备的两种 AC 载体上采用浸渍法制备了 MnO_x/AC 催化剂，低温活性表现平平，可通过载体工艺改进来提高催化剂活性水平。但该催化剂的研究结果显示：比表面积的变化可影响催化剂的活性，但并非主导因素。

(3) 尝试以新法制备 $MnO_x/AC/C$ 整体催化剂，浸渍过程中使用超声波辅助手段可以加强活性组分在载体表面的负载和分散，从而提高催化剂的活性；加入 Ce、Pd 后的整体催化剂低温活性提高显著，100℃时即可获得接近 80%的活性，150℃时活性高于 90%；加入 Fe、V 元素可以提高催化剂的抗 SO_2 性能，但低温催化活性有损失；降低操作温度可使活性炭层的氧化损耗大大减小，对延长催化剂的使用寿命有利。

(4) 大量元素掺杂实验结果显示,单一通过催化剂配方改变难以提高催化剂的综合性能,须与催化剂制备工艺相结合,同时考虑催化剂晶型和氧化态等的影响。

(5) 无定形 MnO_x 催化剂具有极为出色的低温 SCR 活性,60℃即可获得超过 80%的活性,80℃时 NO_x 可完全转化;反应产物 N_2 选择性达 96.63%。经分析,无定形催化剂较大的比表面积和较低的晶化度是其具有出色低温活性的主要原因。此类催化剂制备方法简单易行,具有较好的实际应用价值。

(6) 由于竞争吸附,尾气中 SO_2 和 H_2O 对催化剂活性具有一定的影响。无定形 MnO_x 催化剂的抗 SO_2 和 H_2O 性能较为理想,加入 10% H_2O 活性仍有 90%左右,同时加入 0.01% SO_2 和 10% H_2O 后,NO_x 转化率降至 73%。当 SCR 反应温度较低时(80℃),气相中的 SO_2 不会使催化剂表面硫化而永久失活;停止添加 SO_2 和 H_2O 后,竞争吸附逐步消失,催化剂活性可随之恢复。若能找到适合的方法削弱 SO_2 在催化剂表面的吸附,可进一步提高催化剂的抗 SO_2 性能。

(7) 吸附红外实验结果显示:还原剂 NH_3 在无定形 MnO_x 催化剂表面的吸附速度较快,NH_3 吸附光谱中观测到的物种均为 NH_3 的吸附形式,并未看到其他构型(如 NH_2^- 或 NH_4^+ 等)。NO 在无定形 MnO_x 催化剂表面的吸附受温度条件影响很大,30℃时 NO 在催化剂表面吸附产生的主要物种除硝基物种和亚硝酸盐外,还有硝酸盐;而 80℃时表面吸附物种中多为亚硝酸盐物种,无硝酸盐。

(8) 瞬态红外实验结果证明:表面吸附物种中单齿亚硝酸盐、桥式亚硝酸盐和硝基物种具有较高的活性,可与表面吸附的 NH_3 物种迅速反应,反应速率随温度上升而加快。虽然温度的升高对于反应气体在催化剂表面的吸附不利,但由于 NH_3 在催化剂表面的吸附速度极快,仍可以满足 SCR 反应的需要。

(9) 稳态红外实验结果证明:低温条件下无定形 MnO_x 催化

剂表面就可形成大量具有较高活性的硝基物种，当反应温度升高后，SCR 反应加速，硝基物种被大量消耗；随温度进一步升高，表面的 NO_x 吸附物种逐渐转变为硝酸盐形式。

(10) SCR 机理分析：NO 在无定形 MnO_x 催化剂上存在两种 SCR 机理，各自进行的程度和所占的比重有所不同，相比较而言，以 E-R 机理为主。

6.2 建议

(1) 金属氧化物催化剂在 SO_2 存在的条件下容易中毒失活是限制其实际应用的一个关键因素。建议下一步研究继续通过制备工艺改进或活性组分调整，抑制或削弱 SO_2 在催化剂表面的吸附，避免催化剂中毒。

(2) 对于 SCR 机理分析尚不完善，特别是 SO_2 和 H_2O 对催化剂活性影响的具体过程认识不够深刻，可通过更加完善的系统的原位红外实验进一步深入研究 SCR 反应过程，加深对机理的了解，便于指导催化剂研制。

(3) 在条件成熟的时候，可以考虑放大实验，进一步摸索催化剂在工业上的实际应用经验。

附　　录

附录 1 《中华人民共和国大气污染防治法》(1988-6-1)

(1987 年 9 月 5 日第六届全国人民代表大会常务委员会第二十二次会议通过根据 1995 年 8 月 29 日第八届全国人民代表大会常务委员会第十五次会议《关于修改〈中华人民共和国大气污染防治法〉的决定》修正)

第一章　总　　则

第一条　为防治大气污染,保护和改善生活环境和生态环境,保障人体健康,促进社会主义现代化建设的发展,制定本法。

第二条　国务院和地方各级人民政府必须将大气环境保护工作纳入国民经济和社会发展计划,合理规划工业布局,加强防治大气污染的科学研究,采取防治大气污染的措施,保护和改善大气环境。

第三条　各级人民政府的环境保护部门是对大气污染防治实施统一监督管理的机关。

各级公安、交通、铁道、渔业管理部门根据各自的职责,对机动车船污染大气实施监督管理。

第四条　向大气排放污染物的单位,必须遵守国家有关规定,并采取防治污染的措施。

第五条　任何单位和个人都有保护大气环境的义务,并有权对污染大气环境的单位和个人进行检举和控告。

第六条　国务院环境保护部门制定国家大气环境质量标准。

省、自治区、直辖市人民政府对国家大气环境质量标准中未作规定的项目，可以制定地方标准，并报国务院环境保护部门备案。

第七条 国务院环境保护部门根据国家环境质量标准和国家经济、技术条件，制定国家大气污染物排放标准。

省、自治区、直辖市人民政府对国家大气污染物排放标准中未作规定的项目，可以制定地方排放标准；对国家大气污染物排放标准中已做出规定的项目，可以制定严于国家排放标准的地方排放标准。地方排放标准须报国务院环境保护部门备案。

凡是向已有地方排放标准的区域排放大气污染物的，应当执行地方排放标准。

第八条 国家采取有利于大气污染防治以及相关的综合利用活动的经济、技术政策和措施。

在防治大气污染、改善和保护大气环境方面成绩显著的单位和个人，由各级人民政府给予奖励。

第九条 各级人民政府应当加强植树造林、城市绿化工作，改善大气环境质量。

第二章 大气污染防治的监督管理

第十条 新建、扩建、改建向大气排放污染物的项目，必须遵守国家有关建设项目环境保护管理的规定。

建设项目的环境影响报告书，必须对建设项目可能产生的大气污染和对生态环境的影响做出评价，规定防治措施，并按照规定的程序报环境保护部门审查批准。

建设项目投入生产或者使用之前，其大气污染防治设施必须经过环境保护部门检验，达不到国家有关建设项目环境保护管理规定要求的建设项目，不得投入生产或者使用。

第十一条 向大气排放污染物的单位，必须按照国务院环境保护部门的规定，向所在地的环境保护部门申报拥有的污染物排放设施、处理设施和在正常作业条件下排放污染物的种类、数量、浓度，并提供防治大气污染方面的有关技术资料。排放污染物的种类、数量、浓度有重大改变的，必须及时申报。拆除或者闲置污染物处理设施的，应当征得所在地的环境保护部门同意。

第十二条　向大气排放污染物的单位超过规定的排放标准的，应当采取有效措施进行治理，并按照国家规定缴纳超标准排污费。征收的超标准排污费必须用于污染防治。

对造成大气严重污染的企业事业单位，限期治理。

第十三条　在国务院和省、自治区、直辖市人民政府划定的风景名胜区、自然保护区和其他需要特别保护的区域内，不得建设污染环境的工业生产设施；建设其他设施，其污染物排放不得超过规定的排放标准。在本法施行前企业事业单位已经建成的设施，其污染物排放超过规定的排放标准的，限期治理。

第十四条　市、县或者市、县以下人民政府管辖的企业事业单位的限期治理，由市、县人民政府的环境保护部门提出意见，报同级人民政府决定。中央或者省、自治区、直辖市人民政府直接管辖的企业事业单位的限期治理，由省、自治区、直辖市人民政府的环境保护部门提出意见，报同级人民政府决定。

第十五条　企业应当优先采用能源利用效率高、污染物排放量少的清洁生产工艺，减少大气污染物的产生。

国家对严重污染大气环境的落后生产工艺和严重污染大气环境的落后设备实行淘汰制度。

国务院经济综合主管部门会同国务院有关部门公布限期禁止采用的严重污染大气环境的工艺名录和限期禁止生产、禁止销售、禁止进口、禁止使用的严重污染大气环境的设备名录。

生产者、销售者、进口者或者使用者必须在国务院经济综合主管部门会同国务院有关部门规定的期限内分别停止生产、销售、进口或者使用列入前款规定的名录中的设备。生产工艺的采用者必须在国务院经济综合主管部门会同国务院有关部门规定的期限内停止采用列入前款规定的名录中的工艺。

依照前两款规定被淘汰的设备，不得转让给他人使用。

第十六条　因发生事故或者其他突然性事件，排放和泄漏有毒有害气体和放射性物质，造成或者可能造成大气污染事故、危害人体健康的单位,必须立即采取防治大气污染危害的应急措施,通报可能受到大气污染危害的单位和居民,并报告当地环境保护部门,接受调查处理。

在大气受到严重污染,危害人体健康和安全的紧急情况下,当地人民政府必须采取强制性应急措施,包括责令有关排污单位停止排放污染物。

第十七条　环境保护部门和其他监督管理部门有权对管辖范围内的排污单位进行现场检查,被检查单位必须如实反映情况,提供必要的资料。检查部门有义务为被检查单位保守技术秘密和业务秘密。

第十八条　国务院环境保护部门应当建立大气污染监测制度,组织监测网络,制定统一的监测方法。

第三章　防治燃煤产生的大气污染

第十九条　国务院有关主管部门应当根据国家规定的锅炉烟尘排放标准,在锅炉产品质量标准中规定相应的要求;达不到规定要求的锅炉,不得制造、销售或者进口。

第二十条　新建造的工业窑炉、新安装的锅炉,烟尘排放不得超过规定的排放标准。

第二十一条　城市建设应当统筹规划,统一解决热源,发展集中供热。

第二十二条　国务院有关部门和地方各级人民政府应当采取措施,改进城市燃料结构,发展城市煤气,推广成型煤的生产和使用。

第二十三条　在人口集中地区存放煤炭、煤矸石、煤渣、煤灰、石灰,必须采取防燃、防尘措施,防止污染大气。

第二十四条　国家推行煤炭洗选加工,降低煤的硫分和灰分,限制高硫分、高灰分煤炭的开采。新建的所采煤炭属于高硫分、高灰分的煤矿,必须建设配套的煤炭洗选设施,使煤炭中的含硫分、含灰分达到规定的标准。

对已建成的所采煤炭属于高硫分、高灰分的煤矿，应当按照国务院批准的规划，限期建成配套的煤炭洗选设施。

禁止开采含放射性和砷等有毒有害物质超过规定标准的煤炭。

第二十五条 大、中城市人民政府应当制定规划，对市区内的民用炉灶，限期实现燃用固硫型煤或者其他清洁燃料，逐步替代直接燃用原煤。

第二十六条 在城市市区内新建火电厂，应当根据需要与条件，实行热力与电力的联合生产，安排供热管网与该热电厂主体工程同步建设、同步验收投入使用。

第二十七条 国务院环境保护部门会同国务院有关部门，根据气象、地形、土壤等自然条件，可以对已经产生、可能产生酸雨的地区或者其他二氧化硫污染严重的地区，经国务院批准后，划定为酸雨控制区或者二氧化硫污染控制区。

在酸雨控制区和二氧化硫污染控制区内排放二氧化硫的火电厂和其他大中型企业，属于新建项目不能用低硫煤，必须建设配套脱硫、除尘装置或者采取其他控制二氧化硫排放、除尘的措施，属于已建企业不用低硫煤的，应当采取控制二氧化硫排放、除尘的措施。国家鼓励企业采用先进的脱硫、除尘技术。

企业应当逐步对燃煤产生的氮氧化物采取控制的措施。

第四章 防治废气、粉尘和恶臭污染

第二十八条 严格限制向大气排放含有毒物质的废气和粉尘；确需排放的，应当经过净化处理，不超过规定的排放标准。

第二十九条 工业生产中产生的可燃性气体应当回收利用，不具备回收利用条件而向大气排放的，应当进行防治污染处理。

向大气排放转炉气、电石气、电炉法黄磷尾气、有机烃类尾气的，须报当地环境保护部批准。

因回收利用装置不能正常作业确需排放可燃性气体的，应当将排放的可燃性气体充分燃烧或者采取其他减轻大气污染的措施。

第三十条 炼制石油、生产合成氨、煤气和燃煤焦化、有色金属冶炼过程中排放含有硫化物气体的，应当配备脱硫装置或者采取其他脱硫措施。

第三十一条 向大气排放含放射性物质的气体和气溶胶，必须符合国家有关放射性防护的规定，不得超过规定的排放标准。

第三十二条 向大气排放恶臭气体的排污单位，必须采取措施防止周围居民区受到污染。

第三十三条 向大气排放粉尘的排污单位，必须采取防尘措施。

第三十四条 禁止在人口集中地区焚烧沥青、油毡、橡胶、塑料、皮革以及其他产生有毒有害烟尘和恶臭气体的物质；特殊情况下确需焚烧的，须报当地环境保护部门批准。

第三十五条 运输、装卸、贮存能够散发有毒有害气体或者粉尘的物质，必须采取密闭措施或者其他防护措施。

第三十六条 城市饮食服务业的经营者，必须遵守国务院有关饮食服务业环境保护管理的规定，采取措施，防治油烟对附近居民居住环境的污染。

第三十七条 机动车船向大气排放污染物不得超过规定的排放标准，对超过规定的排放标准的机动车船，应当采取治理措施。污染物排放超过国家规定的排放标准的汽车，不得制造、销售或者进口。具体监督管理办法由国务院规定。

第三十八条 国家鼓励、支持生产和使用同标号的无铅汽油，限制生产和使用含铅汽油。

国务院有关主管部门应当制定规划，逐步减少含铅汽油的产量，直至停止含铅汽油的生产和使用。

第五章 法律责任

第三十九条 违反本法规定，有下列行为之一的，环境保护部门或者其他监督管理部门可以根据不同情节，给予警告或者处以罚款：

（一）拒报或者谎报国务院环境保护部门规定的有关污染物排放申报事项的；

（二）未经环境保护部门同意，擅自拆除或者闲置污染物防治设施，污染物排放超过规定的排放标准的；

（三）拒绝环境保护部门或者其他监督管理部门现场检查或者在被检查时弄虚作假的；

（四）违反本法第三十四条规定，在人口集中地区焚烧沥青、油毡以及其他产生有毒有害烟尘和恶臭气体的物质的；

（五）不按国家规定缴纳超标准排污费的。

第四十条 违反本法第十五条的规定，生产、销售、进口或者使用禁止生产、销售、进口、使用的设备，或者采用禁止采用的工艺的，由县级以上人民政府经济综合主管部门责令改正；情节严重的，由县级以上人民政府经济综合主管部门提出意见，报请同级人民政府按照国务院规定的权限责令停止、关闭。

第四十一条 建设项目的大气污染防治设施没有建成或者没有达到国家有关建设项目环境保护管理的规定的要求，投入生产或者使用的，由审批该建设项目的环境影响报告书的环境保护部门责令停止生产或者使用，可以并处罚款。

第四十二条 对经限期治理逾期未完成治理任务的企业事业单位，除按照国家规定加收超标准排污费外，可以根据所造成的危害后果处以罚款，或者责令停业、关闭。

罚款由环境保护部门决定。责令停业、关闭，由做出限期治理决定的人民政府决定；责令中央直接管辖的企业事业单位停业、关闭，须报国务院批准。

第四十三条 对违反本法规定、造成大气污染事故的企业事业单位，由环境保护部门根据所造成的危害后果处以罚款；情节较重的，对有关责任人员，由所在单位或者上级主管机关给予行政处分。

第四十四条 当事人对行政处罚决定不服的，可以在收到处罚决定通知之日起 15 日内,向人民法院起诉;期满不起诉又不履行的,由做出处罚决定的机关申请人民法院强制执行。

第四十五条 造成大气污染危害的单位,有责任排除危害,并对直接遭受损失的单位或者个人赔偿损失。

赔偿责任和赔偿金额的纠纷,可以根据当事人的请求,由环境保护部门处理;当事人对处理决定不服的,可以向人民法院起诉。当事人也可以直接向人民法院起诉。

第四十六条 完全由于不可抗拒的自然灾害,并经及时采取合理措施,仍然不能避免造成大气污染损失的,免予承担责任。

第四十七条 造成重大大气污染事故,导致公共财产重大损失或者人身伤亡的严重后果的,对有关责任人员可以比照《中华人民共和国刑法》第一百一十五条或者第一百八十七条的规定,追究刑事责任。

第四十八条 环境保护监督管理人员滥用职权、玩忽职守的,给予行政处分;构成犯罪的,依法追究刑事责任。

第六章 附 则

第四十九条 国务院环境保护部门根据本法制定实施细则,报国务院批准施行。

第五十条 本法自 1988 年 6 月 1 日起施行。

附录2 《中华人民共和国大气污染防治法实施细则》

（1991-7-1）

第一章　总　　则

第一条　根据《中华人民共和国大气污染防治法》第四十条的规定，制定本实施细则。

第二条　地方各级人民政府，应当对本辖区的大气环境质量负责，并采取措施防治大气污染，保护和改善大气环境。

第三条　各级人民政府的经济建设部门，应当根据同级人民政府提出的大气环境保护要求，把大气污染防治工作纳入本部门的生产建设计划，并组织实施。

第四条　向大气排放污染物的企业，必须把大气污染防治工作纳入本企业的生产建设计划和技术改造计划。企业主管部门应当加强对企业大气污染防治工作的监督管理。

第五条　建设项目中大气污染防治所需资金、材料和设备，应当与主体工程统筹安排。

第二章　大气污染防治的监督管理

第六条　向大气排放污染物的建设项目投入生产或者使用前，其大气污染防治设施必须经过审批该项目环境影响报告书的环境保护部门检验，符合下列条件：

(一) 大气污染防治设施的处理效果达到设计标准；

(二) 大气污染防治设施管理的规章制度健全；

(三) 大气污染防治设施的有关技术资料齐全。

大气污染防治设施经验收合格，建设项目方能投入生产或者使用。

第七条　向大气排放污染物的单位，对经验收投入使用的大气污染防治设施，应当加强管理、定期检修或者更新，保证设施的正常运行。

第八条 向大气排放污染物的单位，必须按规定向排污所在地的环境保护部门提交《排污申报登记表》。申报登记后，排放污染物的种类、数量、浓度需作重大改变时，应当在改变的15天前提交新的《排污申报登记表》；属于突发性的重大改变，必须在改变后的3天内提交新的《排污申报登记表》。

第九条 需要拆除或者闲置大气污染物处理设施的，必须提前向所在地环境保护部门申报，说明理由。环境保护部门接到申报后，应当在1个月内予以批复，逾期不批复的，视为同意。

第十条 被责令限期治理的排污单位，应当定期向环境保护部门报告治理进度。

环境保护部门应当检查限期治理单位的治理情况，对完成限期治理的项目进行验收，并向同级人民政府报告验收结果。

第十一条 造成大气污染事故的单位，必须在事故发生的48小时内向当地环境保护部门作出事故发生的时间、地点、类型和排放污染物的数量、经济损失和人员受害等情况的初步报告。事故查清后应当作出事故发生的原因、过程、危害、采取的措施、处理结果以及遗留问题和防范措施等情况的详细的书面报告，并附有关证明文件。

第十二条 环境保护部门和其他监督管理部门的监督管理人员，对管辖范围内的排污单位进行现场检查时，应当出示检查证件或者佩戴标志。

环境保护部门的监督管理人员所持检查证件须经省辖市级以上人民政府环境保护部门签发。

第十三条 环境保护部门和其他监督管理部门进行现场检查时，可以要求被检查单位提供下列情况和资料：

（一）污染物排放情况；

（二）污染物处理设施的操作、运行和管理情况；

（三）监测仪器、设备的型号和规格以及校验情况；

（四）采用的监测分析方法和监测记录；

（五）限期治理执行情况；

（六）事故情况及有关记录；

（七）与污染有关的生产工艺、原材料使用方面的资料；

（八）其他与大气污染防治有关的情况和资料。

第三章　防治烟尘污染

第十四条　国务院有关主管部门应当根据国家规定的锅炉烟尘排放标准，在锅炉产品质量标准中规定锅炉初始排放的烟尘浓度和烟气黑度标准。

锅炉新产品定型前，其初始排放烟尘浓度和烟气黑度标准及其测验数据资料，应当报省辖市级以上人民政府环境保护部门备案。

锅炉制造厂必须在锅炉产品铭牌或者说明书中注明锅炉初始排放的烟尘浓度和烟气黑度标准。

不得制造、销售和进口不符合本条第一款所指烟尘浓度和烟气黑度标准的锅炉。

第十五条　新建造的工业窑炉、新安装的锅炉在正式投入生产或者使用前，必须按规定程序报环境保护部门验收；达不到国家和地方规定的大气污染物排放标准的，不得投入生产或者使用。

第十六条　城市新建工业区、新建住宅区以及老城区成片改造，应当实行热电联供；对不具备热电联供条件的，应当实行集中供热；热电联供和集中供热设施应当与建筑工程同时设计、同时施工、同时交付使用。

第十七条　国务院有关部门和地方各级人民政府，应当采取措施推广成型煤和低污染燃烧技术，逐步限制烧散煤。燃料供应部门应当优先将低污染的煤炭供给民用。

第四章　防治废气、粉尘和恶臭污染

第十八条　禁止在居民区新建排放含有毒物质的废气和粉尘的项目。已建成投入生产或者使用的超过排放标准的项目，应当进行净化处理;对造成大气严重污染的企业事业单位,由人民政府按照管理权限责令其限期治理。

第十九条 工业生产中产生的焦炉煤气、高炉煤气和稳定抽放的煤矿瓦斯、合成氨池放气等可燃性气体应当回收利用。对具备回收利用条件而不回收利用的,由县级以上人民政府的环境保护部门按企业的隶属关系报相应的人民政府批准后,责令其限期回收利用。

第二十条 因特殊情况确需在人口集中地区焚烧沥青、油毡、橡胶、塑料、皮革以及其他产生有毒有害烟尘和恶臭气体的物质的,须经当地环境保护部门批准,并设置焚烧炉集中焚烧。

城镇建筑施工熔化沥青使用固定熔化装置时,应当采用密闭方式。

第二十一条 运输、装卸、贮存能够散发有毒有害气体或者粉尘的物质,必须按照有关规定采取密闭或者覆盖、喷淋等防护措施。

第二十二条 机动车船向大气排放污染物不得超过规定的排放标准。对超过规定排放标准的机动车船,应当采取治理措施。

第二十三条 各级人民政府的环境保护部门对机动车船排气污染防治实施统一监督管理。

各级公安、交通、铁道、渔业等管理部门根据各自的职责,对机动车船排气污染防治实施监督管理。

第二十四条 机动车船生产、维修管理部门应当将机动车船排气污染防治纳入行业质量管理。

超过国家规定的污染物排放标准的汽车,不得制造、销售或者进口。

第五章 法律责任

第二十五条 根据《中华人民共和国大气污染防治法》第三十一条规定应当处以罚款的,按下列规定执行:

(一) 拒报或者谎报国务院环境保护部门规定的有关污染物

排放申报事项的，处以三百元以上三千元以下罚款；

(二) 未经环境保护部门同意，擅自拆除或者闲置污染物防治设施，污染物排放超过规定排放标准的，处以五百元以上三万元以下罚款；

(三) 拒绝环境保护部门或者其他监督管理部门现场检查或者在被检查时弄虚作假的，处以三百元以上三千元以下罚款；

(四) 未经批准擅自在人口集中地区焚烧沥青、油毡、橡胶、塑料、皮革以及其他产生有毒有害烟尘和恶臭气体的物质的，处以三百元以上三千元以下罚款；

(五) 不按国家规定缴纳超标准排污费的，处以一千元以上一万元以下罚款。

第二十六条 根据《中华人民共和国大气污染防治法》第三十二条规定处以罚款的，按下列规定执行：

(一) 建设项目的大气污染防治设施没有建成即投入生产或者使用的，由审批该建设项目环境影响报告书的环境保护部门责令停止生产或者使用，可以并处五千元以上五万元以下罚款；

(二) 建设项目的大气污染防治设施没有达到国家有关建设项目环境保护管理规定的要求，投入生产或者使用的，由审批该建设项目环境影响报告书的环境保护部门责令停止生产或者使用，可以并处两千元以上两万元以下罚款。

第二十七条 根据《中华人民共和国大气污染防治法》第三十三条第一款规定，对经限期治理逾期未完成治理任务的企业事业单位，可处以一万元以上十万元以下罚款。

第二十八条 根据《中华人民共和国大气污染防治法》第三十四条规定处以罚款的，按下列规定执行：

(一) 对造成大气污染事故的企业事业单位，处以一万元以上五万元以下罚款；

(二) 对造成重大经济损失的，按照直接损失的百分之三十计算罚款，但最高不得超过二十万元。

第二十九条 县级人民政府环境保护部门可处以一万元以下

罚款，超过一万元的罚款，报上一级人民政府环境保护部门批准。

省辖市人民政府环境保护部门可处以五万元以下的罚款，超过五万元的罚款，报省级人民政府环境保护部门批准。

省、自治区、直辖市人民政府环境保护部门可处以二十万元以下罚款。

罚款一律上交国库，任何单位和个人不得截留。

第三十条 缴纳超标排污费或者被处以警告、罚款的单位、个人，并不免除消除污染、排除危害和赔偿损失的责任。

第六章 附 则

第三十一条 国务院有关部门和各省、自治区、直辖市人民政府可以根据《中华人民共和国大气污染防治法》和本细则，制定实施办法。

第三十二条 本细则由国务院环境保护部门负责解释。

第三十三条 本细则自一九九一年七月一日起施行。

附录3 《大气污染物综合排放标准》（GB16297—1996）

代替GB3548—1983、GB4276—1984、GB4277—1984、GB4282—1984、GB4286—1984、GB4911—1985、GB4912—1985、GB4913—1985、GB4916—1985、GB4917—1985、GBJ4—1973各标准的废气部分

前言

根据《中华人民共和国大气污染防治法》第七条的规定，制定本标准。

本标准在原有《工业“三废”排放试行标准》（GBJ4—1973）废气部分和有关其他行业性国家大气污染物排放标准的基础上制定。本标准在技术内容上与原有各标准有一定的继承关系，亦有相当大的修改和变化。

本标准规定了33种大气污染物的排放限值，其指标体系为最高允许排放浓度、最高允许排放速率和无组织排放监控浓度限值。

国家在控制大气污染物排放方面，除本标准为综合性排放标准外，还有若干行业性排放标准共同存在，即除若干行业执行各自的行业性国家大气污染物排放标准外，其余均执行本标准。

本标准从1997年1月1日起实施。

下列各标准的废气部分由本标准取代，自本标准实施之日起，下列各标准的废气部分即行废止。

GBJ4—1973　工业“三废”排放试行标准

GB3548—1983　合成洗涤剂工业污染物排放标准

GB4276—1984　火炸药工业硫酸浓缩污染物排放标准

GB4277—1984　雷汞工业污染物排放标准

GB4282—1984　硫酸工业污染物排放标准

GB4286—1984　船舶工业污染物排放标准

GB4911—1985　钢铁工业污染物排放标准

GB4912—1985　轻金属工业污染物排放标准

GB4913—1985　重有色金属工业污染物排放标准

GB4916—1985　沥青工业污染物排放标准

GB4917—1985　普钙工业污染物排放标准

本标准的附录A、附录B、附录C都是标准的附录。

本标准由国家环境保护局科技标准司提出。

本标准由国家环境保护局负责解释。

1　主题内容与适用范围

1.1　主题内容

本标准规定了33种大气污染物的排放限值，同时规定了标准执行中的各种要求。

1.2　适用范围

1.2.1　在我国现有的国家大气污染物排放标准体系中，按照综合性排放标准与行业性排放标准不交叉执行的原则，锅炉执行GB13271—1991《锅炉大气污染物排放标准》、工业炉窑执行GB9078—1996《工业炉窑大气污染物排放标准》、火电厂执行GB13223—1996《火电厂大气污染物排放标准》、炼焦炉执行GB16171—1996《炼焦炉大气污染物排放标准》、水泥厂执行GB4915—1996《水泥厂大气污染物排放标准》、恶臭物质排放执行GB14554—1993《恶臭污染物排放标准》、汽车排放执行GB14761.1～14761.7—1993《汽车大气污染物排放标准》、摩托车排气执行GB 14621—1993《摩托车排气污染物排放标准》，其他大气污染物排放均执行本标准。

1.2.2　本标准实施后再行发布的行业性国家大气污染物排放标准，按其适用范围规定的污染源不再执行本标准。

1.2.3　本标准适用于现有污染源大气污染物排放管理，以及建设项目的环境影响评价、设计、环境保护设施竣工验收及其投产后的大气污染物排放管理。

2 引用标准

下列标准所包含的条文,通过在本标准中引用而构成为本标准的条文。

GB3095—1996 环境空气质量标准

GB/T 16157—1996 固定污染源排气中颗粒物测定与气态污染物采样方法。

3 定义

本标准采用下列定义:

3.1 标准状态

指温度为 273 K ,压力为 101325 Pa 时的状态。本标准规定的各项标准值,均以标准状态下的干空气为基准。

3.2 最高允许排放浓度

指处理设施后排气筒中污染物任何 1 小时浓度平均值不得超过的限值;或指无处理设施排气筒中污染物任何 1 小时浓度平均值不得超过的限值。

3.3 最高允许排放速率

指一定高度的排气筒任何 1 小时排放污染物的质量不得超过的限值。

3.4 无组织排放

指大气污染物不经过排气筒的无规则排放。低矮排气筒的排放属有组织排放,但在一定条件下也可造成与无组织排放相同的后果。因此,在执行“无组织排放监控浓度限值”指标时,由低矮排气筒造成的监控点污染物浓度增加不予扣除。

3.5 无组织排放监控点

依照本标准附录 C 的规定,为判别无组织排放是否超过标准而设立的监测点。

3.6 无组织排放监控浓度限值

指监控点的污染物浓度在任何 1 小时的平均值不得超过的

限值。

3.7　污染源

指排放大气污染物的设施或指排放大气污染物的建筑构造（如车间等）。

3.8　单位周界

指单位与外界环境接界的边界。通常应依据法定手续确定边界；若无法定手续，则按目前的实际边界确定。

3.9　无组织排放源

指设置于露天环境中具有无组织排放的设施，或指具有无组织排放的建筑构造（如车间、工棚等）。

3.10　排气筒高度

指自排气筒（或其主体建筑构造）所在的地平面至排气筒出口计的高度。

4　指标体系

本标准设置下列三项指标：

4.1　通过排气筒排放废气的最高允许排放浓度。

4.2　通过排气筒排放的废气，按排气筒高度规定的最高允许排放速率。任何一个排气筒必须同时遵守上述两项指标，超过其中任何一项均为超标排放。

4.3　以无组织方式排放的废气，规定无组织排放的监控点及相应的监控浓度限值。该指标按照本标准第 9.2 条的规定执行。

5　排放速率标准分级

本标准规定的最高允许排放速率，现有污染源分一、二、三级，新污染源分为二、三级。按污染源所在的环境空气质量功能区类别，执行相应级别的排放速率标准，即：

位于一类区的污染源执行一级标准（一类区禁止新、扩建污染源，一类区现有污染源改建执行现有污染源的一级标准）；

位于二类区的污染源执行二级标准；

位于三类区的污染源执行三级标准。

6 标准值

6.1 1997年1月1日前设立的污染源(以下简称为现有污染源)执行表1所列标准值。

6.2 1997年1月1日起设立(包括新建、扩建、改建)的污染源(以下简称为新污染源) 执行附表2所列标准值。

6.3 按下列规定判断污染源的设立日期:

6.3.1 一般情况下应以建设项目环境影响报告书(表)批准日期作为其设立日期。

6.3.2 未经环境保护行政主管部门审批设立的污染源,应按补做的环境影响报告书(表)批准日期作为其设立日期。

7 其他规定

7.1 排气筒高度除须遵守表列排放速率标准值外,还应高出周围200 m半径范围的建筑5 m以上,不能达到该要求的排气筒,应按其高度对应的表列排放速率标准值严格50%执行。

7.2 两个排放相同污染物(不论其是否由同一生产工艺过程产生)的排气筒,若其距离小于其几何高度之和,应合并视为一根等效排气筒。若有三根以上的近距排气筒,且排放同一种污染物时,应以前两根的等效排气筒,依次与第三、四根排气筒取等效值。等效排气筒的有关参数计算方法见附录A。

7.3 若某排气筒的高度处于本标准列出的两个值之间,其执行的最高允许排放速率以内插法计算,内插法的计算式见本标准附录B;当某排气筒的高度大于或小于本标准列出的最大或最小值时,以外推法计算其最高允许排放速率,外推法计算式见本标准附录B。

7.4 新污染源的排气筒一般不应低于15 m。若新污染源的排气筒必须低于15 m时,其排放速率标准值按7.3的外推计算结果再严格50%执行。

7.5 新污染源的无组织排放应从严控制,一般情况下不应有无组织排放存在,无法避免的无组织排放应达到附表 2 规定的标准值。

7.6 工业生产尾气确需燃烧排放的,其烟气黑度不得超过林格曼 1 级。

8 监测

8.1 布点

8.1.1 排气筒中颗粒物或气态污染物监测的采样点数目及采样点位置的设置,按 GB/T16157—1996 执行。

8.1.2 无组织排放监测的采样点(即监控点)数目和采样点位置的设置方法,详见本标准附录 C。

8.2 采样时间和频次

本标准规定的三项指标,均指任何 1 小时平均值不得超过的限值,故在采样时应做到:

8.2.1 排气筒中废气的采样

连续 1 小时的采样获取平均值;

或在 1 小时内,以等时间间隔采集 4 个样品,并计平均值。

8.2.2 无组织排放监控点的采样

无组织排放监控点和参照点监测的采样,一般采用连续 1 小时采样计平均值;

若浓度偏低,需要时可适当延长采样时间;

若分析方法灵敏度高,仅需用短时间采集样品时,应实行等时间间隔采样,采集四个样品计平均值。

8.2.3 特殊情况下的采样时间和频次

若某排气筒的排放为间断性排放,排放时间小于 1 小时,应在排放时段内实行连续采样,或在排放时段内以等时间间隔采集 2~4 个样品,并计平均值;

若某排气筒的排放为间断性排放,排放时间大于 1 小时,则应在排放时段内按 8.2.1 的要求采样;

当进行污染事故排放监测时，应按需要设置采样时间和采样频次，不受上述要求的限制；

建设项目环境保护设施竣工验收监测的采样时间和频次，按国家环境保护局制定的建设项目环境保护设施竣工验收监测办法执行。

8.3 监测工况要求

8.3.1 在对污染源的日常监督性监测中，采样期间的工况应与当时的运行工况相同，排污单位的人员和实施监测的人员都不应任意改变当时的运行工况。

8.3.2 建设项目环境保护设施竣工验收监测的工况要求按国家环境保护局制定的建设项目环境保护设施竣工验收监测办法执行。

8.4 采样方法和分析方法

8.4.1 污染物的分析方法按国家环境保护局规定执行。

8.4.2 污染物的采样方法按 GB/T16157—1996 和国家环境保护局规定的分析方法有关部分执行。

8.5 排气量的测定

排气量的测定应与排放浓度的采样监测同步进行，排气量的测定方法按 GB/T16157—1996 执行。

9 标准实施

9.1 位于国务院批准划定的酸雨控制区和二氧化硫污染控制区的污染源，其二氧化硫排放除执行本标准外，还应执行总量控制标准。

9.2 本标准中无组织排放监控浓度限值，由省、自治区、直辖市人民政府环境保护行政主管部门决定是否在本地区实施，并报国务院环境保护行政主管部门备案。

9.3 本标准由县级以上人民政府环境保护行政主管部门负责监督实施。

附表1 现有污染源大气污染物排放限值

序号	污染物	最高允许排放浓度/mg·m^{-3}	最高允许排放速率/kg·h^{-1}				无组织排放监控浓度限值	
			排气筒/m	一级	二级	三级	监控点	浓度/mg·m^{-3}
1	二氧化硫	1200（硫、二氧化硫、硫酸和其他含硫化合物生产）	15	1.6	3.0	4.1	无组织排放源上风向设参照点，下风向设监控点[①]	0.50（监控点与参照点浓度差值）
			20	2.6	5.1	7.7		
			30	8.8	17	26		
			40	15	30	45		
			50	23	45	69		
		700（硫、二氧化硫、硫酸和其他含硫化合物使用）	60	33	64	98		
			70	47	91	140		
			80	63	120	190		
			90	82	160	240		
			100	100	200	310		
2	氮氧化物	1700（硝酸、氮肥和火炸药生产）	15	0.47	0.91	1.4	无组织排放源上风向设参照点，下风向设监控点	0.15（监控点与参照点浓度差值）
			20	0.77	1.5	2.3		
			30	2.6	5.1	7.7		
			40	4.6	8.9	14		
			50	7.0	14	21		
		420（硝酸使用和其他）	60	9.9	19	29		
			70	14	27	41		
			80	19	37	56		
			90	24	47	72		
			100	31	61	92		
3	颗粒物	22（炭黑尘、染料尘）	15	禁排	0.60	0.87	周界外浓度最高点[②]	肉眼不可见
			20		1.0	1.5		
			30		4.0	5.9		
			40		6.8	10		
		80（玻璃棉尘、石英粉尘、矿渣棉尘）[③]	15	禁排	2.2	3.1	无组织排放源上风向设参照点，下风向设监控点	2.0（监控点与参照点浓度差值）
			20		3.7	5.3		
			30		14	21		
			40		25	37		
		150（其他）	15	2.1	4.1	5.9	无组织排放源上风向设参照点，下风向设监控点	5.0（监控点与参照点浓度差值）
			20	3.5	6.9	10		
			30	14	27	40		
			40	24	46	69		
			50	36	70	110		
			60	51	100	150		

续附表 1

序号	污染物	最高允许排放浓度 /mg·m^{-3}	最高允许排放速率 /kg·h^{-1}				无组织排放监控浓度限值	
			排气筒 /m	一级	二级	三级	监控点	浓度 /mg·m^{-3}
4	氟化氢	150	15	禁排	0.30	0.46	周界外浓度最高点	0.25
			20		0.51	0.77		
			30		1.7	2.6		
			40		3.0	4.5		
			50		4.5	6.9		
			60		6.4	9.8		
			70		9.1	14		
			80		12	19		
5	铬酸雾	0.080	15	禁排	0.009	0.014	周界外浓度最高点	0.0075
			20		0.015	0.023		
			30		0.051	0.078		
			40		0.089	0.13		
			50		0.14	0.21		
			60		0.19	0.29		
6	硫酸雾	1000（火炸药厂） 70（其他）	15	禁排	1.8	2.8	周界外浓度最高点	1.5
			20		3.1	4.6		
			30		10	16		
			40		18	27		
			50		27	41		
			60		39	59		
			70		55	83		
			80		74	110		
7	氟化物	100（普钙工业） 11（其他）	15	禁排	0.12	0.18	无组织排放源上风向设参照点，下风向设监控点	20（μg/m^3）（监控点与参照点浓度差值）
			20		0.20	0.31		
			30		0.69	1.0		
			40		1.2	1.8		
			50		1.8	2.7		
			60		2.6	3.9		
			70		3.6	5.5		
			80		4.9	7.5		
8	氯气④	85	25	禁排	0.60	0.90	周界外浓度最高点	0.50
			30		1.0	1.5		
			40		3.4	5.2		
			50		5.9	9.0		
			60		9.1	14		
			70		13	20		
			80		18	28		

续附表 1

序号	污染物	最高允许排放浓度 /mg·m^{-3}	最高允许排放速率 /kg·h^{-1}				无组织排放监控浓度限值	
			排气筒 /m	一级	二级	三级	监控点	浓度 /mg·m^{-3}
9	铅及其化合物	0.90	15 20 30 40 50 60 70 80 90 100	禁排	0.005 0.007 0.031 0.055 0.085 0.12 0.17 0.23 0.31 0.39	0.007 0.011 0.048 0.083 0.13 0.18 0.26 0.35 0.47 0.60	周界外浓度最高点	0.0075
10	汞及其化合物	0.015	15 20 30 40 50 60	禁排	1.8×10^{-3} 3.1×10^{-3} 10×10^{-3} 18×10^{-3} 27×10^{-3} 39×10^{-3}	2.8×10^{-3} 4.6×10^{-3} 16×10^{-3} 27×10^{-3} 41×10^{-3} 59×10^{-3}	周界外浓度最高点	0.0015
11	镉及其化合物	1.0	15 20 30 40 50 60 70 80	禁排	0.060 0.10 0.34 0.59 0.91 1.3 1.8 2.5	0.090 0.15 0.52 0.90 1.4 2.0 2.8 3.7	周界外浓度最高点	0.050
12	铍及其化合物	0.015	15 20 30 40 50 60 70 80	禁排	1.3×10^{-3} 2.2×10^{-3} 7.3×10^{-3} 13×10^{-3} 19×10^{-3} 27×10^{-3} 39×10^{-3} 52×10^{-3}	2.0×10^{-3} 3.3×10^{-3} 11×10^{-3} 19×10^{-3} 29×10^{-3} 41×10^{-3} 58×10^{-3} 79×10^{-3}	周界外浓度最高点	0.0010

续附表 1

序号	污染物	最高允许排放浓度 /mg·m^{-3}	最高允许排放速率 /kg·h^{-1}				无组织排放监控浓度限值	
			排气筒 /m	一级	二级	三级	监控点	浓度 /mg·m^{-3}
13	镍及其化合物	5.0	15 20 30 40 50 60 70 80	禁排	0.18 0.31 1.0 1.8 2.7 3.9 5.5 7.4	0.28 0.46 1.6 2.7 4.1 5.9 8.2 11	周界外浓度最高点	0.050
14	锡及其化合物	10	15 20 30 40 50 60 70 80	禁排	0.36 0.61 2.1 3.5 5.4 7.7 11 15	0.55 0.93 3.1 5.4 8.2 12 17 22	周界外浓度最高点	0.30
15	苯	17	15 20 30 40	禁排	0.60 1.0 3.3 6.0	0.90 1.5 5.2 9.0	周界外浓度最高点	0.50
16	甲苯	60	15 20 30 40	禁排	3.6 6.1 21 36	5.5 9.3 31 54	周界外浓度最高点	0.30
17	二甲苯	90	15 20 30 40	禁排	1.2 2.0 6.9 12	1.8 3.1 10 18	周界外浓度最高点	1.5
18	酚类	115	15 20 30 40 50 60	禁排	0.12 0.20 0.68 1.2 1.8 2.6	0.18 0.31 1.0 1.8 2.7 3.9	周界外浓度最高点	0.10

续附表 1

序号	污染物	最高允许排放浓度 /mg·m^{-3}	最高允许排放速率 /kg·h^{-1}				无组织排放监控浓度限值	
			排气筒 /m	一级	二级	三级	监控点	浓度 /mg·m^{-3}
19	甲醛	30	15 20 30 40 50 60	禁排	0.30 0.51 1.7 3.0 4.5 6.4	0.46 0.77 2.6 4.5 6.9 9.8	周界外浓度最高点	0.25
20	乙醛	150	15 20 30 40 50 60	禁排	0.060 0.10 0.34 0.59 0.91 1.3	0.090 0.15 0.52 0.90 1.4 2.0	周界外浓度最高点	0.050
21	丙烯腈	26	15 20 30 40 50 60	禁排	0.91 1.5 5.1 8.9 14 19	1.4 2.3 7.8 13 21 29	周界外浓度最高点	0.75
22	丙烯醛	20	15 20 30 40 50 60	禁排	0.61 1.0 3.4 5.9 9.1 13	0.92 1.5 5.2 9.0 14 20	周界外浓度最高点	0.50
23	氯化氢[⑤]	2.3	25 30 40 50 60 70 80	禁排	0.18 0.31 1.0 1.8 2.7 3.9 5.5	0.28 0.46 1.6 2.7 4.1 5.9 8.3	周界外浓度最高点	0.030

续附表 1

序号	污染物	最高允许排放浓度 /mg·m^{-3}	最高允许排放速率 /kg·h^{-1}				无组织排放监控浓度限值	
			排气筒 /m	一级	二级	三级	监控点	浓度 /mg·m^{-3}
24	甲醇	220	15 20 30 40 50 60	禁排	6.1 10 34 59 91 130	9.2 15 52 90 140 200	周界外浓度最高点	15
25	苯胺类	25	15 20 30 40 50 60	禁排	0.61 1.0 3.4 5.9 9.1 13	0.92 1.5 5.2 9.0 14 20	周界外浓度最高点	0.50
26	氯苯类	85	15 20 30 40 50 60 70 80 90 100	禁排	0.67 1.0 2.9 5.0 7.7 11 15 21 27 34	0.92 1.5 4.4 7.6 12 17 23 32 41 52	周界外浓度最高点	0.50
27	硝基苯类	20	15 20 30 40 50 60	禁排	0.060 0.10 0.34 0.59 0.91 1.3	0.090 0.15 0.52 0.90 1.4 2.0	周界外浓度最高点	0.050
28	氯乙烯	65	15 20 30 40 50 60	禁排	0.91 1.5 5.0 8.9 14 19	1.4 2.3 7.8 13 21 29	周界外浓度最高点	0.75
29	苯并a芘	0.50×10^{-3}（沥青、炭素制品生产和加工）	15 20 30 40 50 60	禁排	0.06×10^{-3} 0.10×10^{-3} 0.34×10^{-3} 0.59×10^{-3} 0.90×10^{-3} 1.3×10^{-3}	0.09×10^{-3} 0.15×10^{-3} 0.51×10^{-3} 0.89×10^{-3} 1.4×10^{-3} 2.0×10^{-3}	周界外浓度最高点	0.01（μg/m^3）

续附表 1

序号	污染物	最高允许排放浓度 /$mg\cdot m^{-3}$	最高允许排放速率 /$kg\cdot h^{-1}$				无组织排放监控浓度限值	
			排气筒 /m	一级	二级	三级	监控点	浓度 /$mg\cdot m^{-3}$
30	光气⑥	5.0	25	禁排	0.12	0.18	周界外浓度最高点	0.10
			30		0.20	0.31		
			40		0.69	1.0		
			50		1.2	1.8		
31	沥青烟	280（吹制沥青）	15	0.11	0.22	0.34	生产设备不得有明显的无组织排放存在	
			20	0.19	0.36	0.55		
		80（熔炼、浸涂）	30	0.82	1.6	2.4		
			40	1.4	2.8	4.2		
			50	2.2	4.3	6.6		
		150（建筑搅拌）	60	3.0	5.9	9.0		
			70	4.5	8.7	13		
			80	6.2	12	18		
32	石棉尘	两根纤维/cm^3 或 20 mg/m^3	15	禁排	0.65	0.98	生产设备不得有明显的无组织排放存在	
			20		1.1	1.7		
			30		4.2	6.4		
			40		7.2	11		
			50		11	17		
33	非甲烷总烃	150（使用溶剂汽油或其他混合烃类物质）	15	6.3	12	18	周界外浓度最高点	5.0
			20	10	20	30		
			30	35	63	100		
			40	61	120	170		

① 一般应于无组织排放源上风向 2～50 m 范围内设参照点，排放源下风向 2～50 m范围内设监控点，详见本标准附录 C。下同；

② 周界外浓度最高点一般应设于排放源下风向的单位周界外 10 m 范围内。如预计无组织排放的最大落地浓度点超出 10 m 范围，可将监控点移至该预计浓度最高点，详见附录 C。下同；

③ 均指含游离二氧化硅 10%以上的各种尘；

④ 排放氯气的排气筒不得低于 25 m；

⑤ 排放氰化氢的排气筒不得低于 25 m；

⑥ 排放光气的排气筒不得低于 25 m。

附表2　新污染源大气污染物排放限值

序号	污染物	最高允许排放浓度/mg·m^{-3}	最高允许排放速率/kg·h^{-1}			无组织排放监控浓度限值	
			排气筒/m	二级	三级	监控点	浓度/mg·m^{-3}
1	二氧化硫	960（硫、二氧化硫、硫酸和其他含硫化合物生产） 550（硫、二氧化硫、硫酸和其他含硫化合物使用）	15 20 30 40 50 60 70 80 90 100	2.6 4.3 15 25 39 55 77 110 130 170	3.5 6.6 22 38 58 83 120 160 200 270	①周界外浓度最高点	0.40
2	氮氧化物	1400（硝酸、氮肥和火炸药生产） 240（硝酸使用和其他）	15 20 30 40 50 60 70 80 90 100	0.77 1.3 4.4 7.5 12 16 23 31 40 52	1.2 2.0 6.6 11 18 25 35 47 61 78	周界外浓度最高点	0.12
3	颗粒物	18（炭黑尘、染料尘）	15 20 30 40	0.15 0.85 3.4 5.8	0.74 1.3 5.0 8.5	周界外浓度最高点	肉眼不可见
		60②（玻璃棉尘、石英粉尘、矿渣棉尘）	15 20 30 40	1.9 3.1 12 21	2.6 4.5 18 31	周界外浓度最高点	1.0
		120（其他）	15 20 30 40 50 60	3.5 5.9 23 39 60 85	5.0 8.5 34 59 94 130	周界外浓度最高点	1.0

续附表 2

<table>
<tr><th rowspan="2">序号</th><th rowspan="2">污染物</th><th rowspan="2">最高允许排放浓度
/mg·m⁻³</th><th colspan="3">最高允许排放速率
/kg·h⁻¹</th><th colspan="2">无组织排放监控浓度限值</th></tr>
<tr><th>排气筒/m</th><th>二级</th><th>三级</th><th>监控点</th><th>浓度
/mg·m⁻³</th></tr>
<tr><td>4</td><td>氟化氢</td><td>100</td><td>15
20
30
40
50
60
70
80</td><td>0.26
0.43
1.4
2.6
3.8
5.4
7.7
10</td><td>0.39
0.65
2.2
3.8
5.9
8.3
12
16</td><td>周界外浓度最高点</td><td>0.20</td></tr>
<tr><td>5</td><td>铬酸雾</td><td>0.070</td><td>15
20
30
40
50
60</td><td>0.008
0.013
0.043
0.076
0.12
0.16</td><td>0.012
0.020
0.066
0.12
0.18
0.25</td><td>周界外浓度最高点</td><td>0.0060</td></tr>
<tr><td>6</td><td>硫酸雾</td><td>430(火炸药厂)
45(其他)</td><td>15
20
30
40
50
60
70
80</td><td>1.5
2.6
8.8
15
23
33
46
63</td><td>2.4
3.9
13
23
35
50
70
95</td><td>周界外浓度最高点</td><td>1.2</td></tr>
<tr><td>7</td><td>氟化物</td><td>90(普钙工业)
9.0(其他)</td><td>15
20
30
40
50
60
70
80</td><td>0.10
0.17
0.59
1.0
1.5
2.2
3.1
4.2</td><td>0.15
0.26
0.88
1.5
2.3
3.3
4.7
6.3</td><td>周界外浓度最高点</td><td>20
(μg/m³)</td></tr>
<tr><td>8</td><td>③氯气</td><td>65</td><td>25
30
40
50
60
70
80</td><td>0.52
0.87
2.9
5.0
7.7
11
15</td><td>0.78
1.3
4.4
7.6
12
17
23</td><td>周界外浓度最高点</td><td>0.40</td></tr>
</table>

续附表 2

序号	污染物	最高允许排放浓度 /mg·m⁻³	最高允许排放速率 /kg·h⁻¹			无组织排放监控浓度限值	
			排气筒 /m	二级	三级	监控点	浓度 /mg·m⁻³
9	铅及其化合物	0.70	15 20 30 40 50 60 70 80 90 100	0.004 0.006 0.027 0.047 0.072 0.10 0.15 0.20 0.26 0.33	0.006 0.009 0.041 0.071 0.11 0.15 0.22 0.30 0.40 0.51	周界外浓度最高点	0.0060
10	汞及其化合物	0.012	15 20 30 40 50 60	1.5×10^{-3} 2.6×10^{-3} 7.8×10^{-3} 15×10^{-3} 23×10^{-3} 33×10^{-3}	2.4×10^{-3} 3.9×10^{-3} 13×10^{-3} 23×10^{-3} 35×10^{-3} 50×10^{-3}	周界外浓度最高点	0.0012
11	镉及其化合物	0.85	15 20 30 40 50 60 70 80	0.050 0.090 0.29 0.50 0.77 1.1 1.5 2.1	0.080 0.13 0.44 0.77 1.2 1.7 2.3 3.2	周界外浓度最高点	0.040
12	铍及其化合物	0.012	15 20 30 40 50 60 70 80	1.1×10^{-3} 1.8×10^{-3} 6.2×10^{-3} 11×10^{-3} 16×10^{-3} 23×10^{-3} 33×10^{-3} 44×10^{-3}	1.7×10^{-3} 2.8×10^{-3} 9.4×10^{-3} 16×10^{-3} 25×10^{-3} 35×10^{-3} 50×10^{-3} 67×10^{-3}	周界外浓度最高点	0.0008

续附表 2

序号	污染物	最高允许排放浓度 /mg·m^{-3}	最高允许排放速率 /kg·h^{-1}			无组织排放监控浓度限值	
			排气筒 /m	二级	三级	监控点	浓度 /mg·m^{-3}
13	镍及其化合物	4.3	15 20 30 40 50 60 70 80	0.15 0.26 0.88 1.5 2.3 3.3 4.6 6.3	0.24 0.34 1.3 2.3 3.5 5.0 7.0 10	周界外浓度最高点	0.040
14	锡及其化合物	8.5	15 20 30 40 50 60 70 80	0.31 0.52 1.8 3.0 4.6 6.6 9.3 13	0.47 0.79 2.7 4.6 7.0 10 14 19	周界外浓度最高点	0.24
15	苯	12	15 20 30 40	0.50 0.90 2.9 5.6	0.80 1.3 4.4 7.6	周界外浓度最高点	0.40
16	甲苯	40	15 20 30 40	3.1 5.2 18 30	4.7 7.9 27 46	周界外浓度最高点	2.4
17	二甲苯	70	15 20 30 40	1.0 1.7 5.9 10	1.5 2.6 8.8 15	周界外浓度最高点	1.2
18	酚类	100	15 20 30 40 50 60	0.10 0.17 0.58 1.0 1.5 2.2	0.15 0.26 0.88 1.5 2.3 3.3	周界外浓度最高点	0.080

续附表 2

序号	污染物	最高允许排放浓度/mg·m⁻³	最高允许排放速率/kg·h⁻¹			无组织排放监控浓度限值	
			排气筒/m	二级	三级	监控点	浓度/mg·m⁻³
19	甲醛	25	15	0.26	0.39	周界外浓度最高点	0.20
			20	0.43	0.65		
			30	1.4	2.2		
			40	2.6	3.8		
			50	3.8	5.9		
			60	5.4	8.3		
20	乙醛	125	15	0.050	0.080	周界外浓度最高点	0.040
			20	0.090	0.13		
			30	0.29	0.44		
			40	0.50	0.77		
			50	0.77	1.2		
			60	1.1	1.6		
21	丙烯醛	22	15	0.77	1.2	周界外浓度最高点	0.60
			20	1.3	2.0		
			30	4.4	6.6		
			40	7.5	11		
			50	12	18		
			60	16	25		
22	丙烯醛	16	15	0.52	0.78	周界外浓度最高点	0.40
			20	0.87	1.3		
			30	2.9	4.4		
			40	5.0	7.6		
			50	7.7	12		
			60	11	17		
23	④氯化氢	1.9	25	0.15	0.24	周界外浓度最高点	0.024
			30	0.26	0.39		
			40	0.88	1.3		
			50	1.5	2.3		
			60	2.3	3.5		
			70	3.3	5.0		
			80	4.6	7.0		
24	甲醇	190	15	5.1	7.8	周界外浓度最高点	12
			20	8.6	13		
			30	29	44		
			40	50	70		
			50	77	120		
			60	100	170		

续附表 2

序号	污染物	最高允许排放浓度 /mg·m^{-3}	最高允许排放速率 /kg·h^{-1}			无组织排放监控浓度限值	
			排气筒 /m	二级	三级	监控点	浓度 /mg·m^{-3}
25	苯胺类	20	15 20 30 40 50 60	0.52 0.87 2.9 5.0 7.7 11	0.78 1.3 4.4 7.6 12 17	周界外浓度最高点	0.40
26	氯苯类	60	15 20 30 40 50 60 70 80 90 100	0.52 0.87 2.5 4.3 6.6 9.3 13 18 23 29	0.78 1.3 3.8 6.5 9.9 14 20 27 35 44	周界外浓度最高点	0.40
27	硝基苯类	16	15 20 30 40 50 60	0.050 0.090 0.29 0.50 0.77 1.1	0.080 0.13 0.44 0.77 1.2 1.7	周界外浓度最高点	0.040
28	氯乙烯	36	15 20 30 40 50 60	0.77 1.3 4.4 7.5 12 16	1.2 2.0 6.6 11 18 25	周界外浓度最高点	0.60
29	苯并a芘	0.30×10^{-3}（沥青及炭素制品生产和加工）	15 20 30 40 50 60	0.050×10^{-3} 0.085×10^{-3} 0.29×10^{-3} 0.50×10^{-3} 0.77×10^{-3} 1.1×10^{-3}	0.080×10^{-3} 0.13×10^{-3} 0.43×10^{-3} 0.76×10^{-3} 1.2×10^{-3} 1.7×10^{-3}	周界外浓度最高点	0.008（μg/m^3）
30	⑤光气	3.0	25 30 40 50	0.10 0.17 0.59 1.0	0.15 0.26 0.88 1.5	周界外浓度最高点	0.080

续附表 2

<table>
<tr><th rowspan="3">序号</th><th rowspan="3">污染物</th><th rowspan="3">最高允许排放浓度 /mg·m⁻³</th><th colspan="3">最高允许排放速率 /kg·h⁻¹</th><th colspan="2">无组织排放监控浓度限值</th></tr>
<tr><th>排气筒 /m</th><th>二级</th><th>三级</th><th>监控点</th><th>浓度 /mg·m⁻³</th></tr>
<tr><td rowspan="3">31</td><td rowspan="3">沥青烟</td><td>140（吹制沥青）</td><td rowspan="3">15
20
30
40
50
60
70
80</td><td rowspan="3">0.18
0.30
1.3
2.3
3.6
5.6
7.4
10</td><td rowspan="3">0.27
0.45
2.0
3.5
5.4
7.5
11
15</td><td colspan="2" rowspan="3">生产设备不得有明显的无组织排放存在</td></tr>
<tr><td>40（熔炼、浸涂）</td></tr>
<tr><td>75（建筑搅拌）</td></tr>
<tr><td>32</td><td>石棉尘</td><td>1 根纤维/cm³ 或 10 mg/m³</td><td>15
20
30
40
50</td><td>0.55
0.93
3.6
6.2
9.4</td><td>0.83
1.4
5.4
9.3
14</td><td colspan="2">生产设备不得有明显的无组织排放存在</td></tr>
<tr><td>33</td><td>非甲烷总烃</td><td>120（使用溶剂汽油或其他混合烃类物质）</td><td>15
20
30
40</td><td>10
17
53
100</td><td>16
27
83
150</td><td>周界外浓度最高点</td><td>4.0</td></tr>
</table>

① 周界外浓度最高点一般应设置于无组织排放源下风向的单位周界外 10 m 范围内，若预计无组织排放的最大落地浓度点超出 10 m 范围，可将监控点移至该预计浓度最高点，详见附录 C。下同；

② 均指含游离二氧化硅超过 10% 以上的各种尘；

③ 排放氯气的排气筒不得低于 25 m；

④ 排放氰化氢的排气筒不得低于 25 m；

⑤ 排放光气的排气筒不得低于 25 m。

附录 A （标准的附录）等效排气筒有关参数计算

A1 当排气筒 1 和排气筒 2 排放同一种污染物，其距离小于该两个排气筒的高度之和时，应以一个等效排气筒代表该两个排气筒。

A2 等效排气筒的有关参数计算方法如下：

A2.1 等效排气筒污染物排放速率按下式计算：

$$Q = Q_1 + Q_2$$

式中 Q——等效排气筒某污染物排放速率；

Q_1, Q_2——排气筒 1 和排气筒 2 的某污染物排放速率。

A2.2 等效排气筒高度按下式计算

$$H = \sqrt{\frac{1}{2}(h_1^2 + h_2^2)}$$

式中 h——等效排气筒高度；

h_1, h_2——排气筒 1 和排气筒 2 的高度。

A2.3 等效排气筒的位置

等效排气筒的位置，应于排气筒 1 和排气筒 2 的连线上，若以排气筒 1 为原点，则等效排气筒的位置应距原点为：

$$x = a(Q - Q_1)/Q = aQ_2/Q$$

式中 x——等效排气筒距排气筒 1 的距离；

A——排气筒 1 至排气筒 2 的距离；

Q_1, Q_2, Q——同 A2.1。

附录 B （标准的附录）确定某排气筒最高允许排放速率的内插法和外推法

B1 某排气筒高度处于表列两高度之间，用内插法计算其最高允许排放速率，按下式计算：

$$Q = Q_a + (Q_{a+1} - Q_a)(h - h_a)/(h_{a+1} - h_a)$$

式中 Q——某排气筒最大允许排放速率；

Q_a——比某排气筒低的表列限值中的最大值；

Q_{a+1}——比某排气筒高的表列限值中的最小值；

h——某排气筒的几何高度；

h_a——比某排气筒低的表列高度中的最大值；

h_{a+1}——比某排气筒高的表列高度中的最小值。

B2　某排气筒高度高于本标准表列排气筒高度的最高值，用外推法计算其最高允许排放速率。按下式计算：

$$Q = Q_b(h/h_b)^2$$

式中　Q——某排气筒的最高允许排放速率；

Q_b——表列排气筒最高高度对应的最高允许排放速率；

h——某排气筒的高度；

h_b——表列排气筒的最高高度。

B3　某排气筒高度低于本标准表列排气筒高度的最低值，用外推法计算其最高允许排放速率，按下式计算：

$$Q = Q_c(h/h_c)^2$$

式中　Q——某排气筒最高允许排放速率；

Q_c——表列排气筒最低高度对应的最高允许排放速率；

h——某排气筒的高度；

h_c——表列排气筒的最低高度。

附录 C　（标准的附录）无组织排放监控点设置方法

C1　由于无组织排放的实际情况是多种多样的，故本附录仅对无组织排放监控点的设置进行原则性指导，实际监测时应根据情况因地制宜设置监控点。

C2　单位周界监控点的设置方法。

当本标准规定控制点设于单位周界时，监控点按下述原则和方法设置。

C2.1　下列各点为必须遵循的原则。

C2.1.1　监控点一般应设于周界外 10 m 范围内，但若现场条件不允许（例如周界沿河岸分布），可将监控点移至周界内侧。

C2.1.2　监控点应设于周界浓度最高点。

C2.1.3　若经估算预测，无组织排放的最大落地浓度区域超出 10 m 范围之外，可将监控点移至该区域之内设置。

C2.1.4 为了确定浓度的最高点，实际监控点最多可设置 4 个。

C2.1.5 设点高度范围为 1.5～15 m。

C2.2 下述设点方案仅为示意，供实际监测时参考。

C2.2.1 当具有明显风向和风速时，可参考图 c-1 设点。

C2.2.2 当无明显风向和风速时，可根据情况于可能的浓度最高处设置 4 个点。

C2.3 由最多 4 个监控点分别测得的结果，以其中的浓度最高点计值。

风向
无组织排放源
15°
15°
15°
10m
单位周界
监控点

图 c-1

C3 在排放源上、下风向分别设置参照点和监控点的方法。

C3.1 下列各点为必须遵循的原则：

C3.1.1 于无组织排放源的上风向设参照点，下风向设监控点。

C3.1.2 监控点应设于排放源下风向的浓度最高点，不受单位周界的限制。

C3.1.3 为了确定浓度最高点，监控点最多可设 4 个。

C3.1.4 参照点应以不受被测无组织排放源影响，可以代表监控点的背景浓度为原则。参照点只设 1 个。

C3.1.5 监控点和参照点距无组织排放源最近不应小于 2 m。

C3.2 下述设点方案仅为示意，供实际监测时参考。

C3.2.1 当具有明显风向和风速时，可参考图 c-2 设点。

C3.3 按上述参考方案的监测结果，以 4 个监控点中的浓度最高点测值与参照点浓度之差计值。

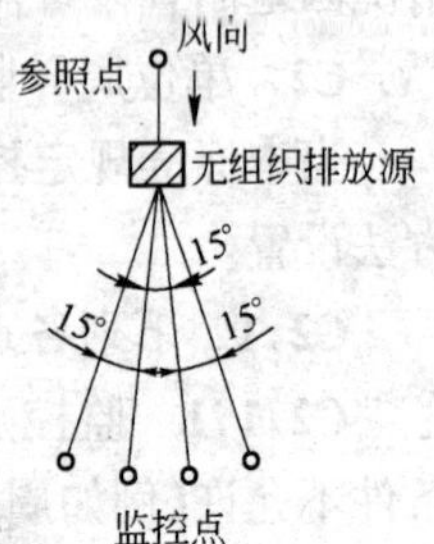

图 c-2

附录4 《工业炉窑大气污染物排放标准》(GB9078—1996)

前言

根据《中华人民共和国大气污染防治法》第七条的规定,制定本标准。

本标准在原有《工业炉窑烟尘排放标准》(GB9078—1988)和其他行业性有关国家大气污染物排放标准(工业炉窑部分)的基础上修订。本标准在技术内容上与原有各标准有一定的继承关系,亦有相当大的修改和变化。

本标准规定了10类19种工业炉窑烟(粉)尘浓度、烟气黑度、6种有害污染物的最高允许排放浓度(或排放限值)和无组织排放烟(粉)尘的最高允许浓度。

本标准从1997年1月1日起实施;

本标准从实施之日起,同时代替:

GB4286—1984《船舶工业污染物排放标准》(有关工业炉窑部分);

GB4911—1985《钢铁工业污染物排放标准》(有关工业炉窑部分);

GB4912—1985《轻金属工业污染物排放标准》(有关工业炉窑部分);

GB4913—1985《重有色金属工业污染物排放标准》(有关工业炉窑部分);

GB4916—1985《沥青工业污染物排放标准》(有关工业炉窑部分);

GB9078—1988《工业炉窑烟尘排放标准》。

本标准从实施之日起,GB9078—1988同时废止,其他上述各标准中的有关工业炉窑部分亦同时废止。

本标准由国家环境保护局科技标准司提出;

本标准由国家环境保护局负责解释。

1 范围

本标准按年限规定了工业炉窑烟尘、生产性粉尘、有害污染物的最高允许排放浓度、烟气黑度的排放限值。

本标准适用于除炼焦炉、焚烧炉、水泥工业以外使用固体、液体、气体燃料和电加热的工业炉窑的管理,以及工业炉窑建设项目的环境影响评价、设计、竣工验收及其建成后的排放管理。

2 引用标准

下列标准所包含的条文,通过在本标准中引用而构成为本标准的条文。

GB3095—1996 环境空气质量标准。

GB/T 16157—1996 固定污染源排气中颗粒物的测定与气态污染物采样方法。

3 定义

本标准采用下列定义:

3.1 工业炉窑

工业炉窑是指在工业生产中用燃料燃烧或电能转换产生的热量,将物料或工件进行冶炼、焙烧、烧结、熔化、加热等工序的热工设备。

3.2 标准状态

指烟气在温度为273 K,压力为101325 Pa时的状态,简称"标态"。本标准规定的排放浓度均指标准状态下的干烟气中的数值。

3.3 无组织排放

凡不通过烟囱或排气系统而泄漏烟尘、生产性粉尘和有害污染物,均称无组织排放。

3.4 过量空气系数

燃料燃烧时实际空气需要量与理论空气需要量之比值。

3.5 掺风系数

冲天炉掺风系数是指从加料口等处进入炉体的空气量与冲天炉工艺理论空气需要量之比值。

4 技术内容

4.1 排放标准的适用区域

4.1.1 本标准分为一级、二级、三级标准，分别与GB3095《环境空气质量标准》中的环境空气质量功能区相对应：

一类区执行一级标准；

二类区执行二级标准；

三类区执行三级标准。

4.1.2 在一类区内，除市政、建筑施工临时用沥青加热炉外，禁止新建各种工业炉窑，原有的工业炉窑改建时不得增加污染负荷。

4.2 1997年1月1日前安装[包括尚未安装，但环境影响报告书(表)已经批准]的各种工业炉窑，烟尘及生产性粉尘最高允许排放浓度、烟气黑度限值按表1规定执行。

附表3

序号	炉窑类别		标准级别	排放限值	
				烟(粉)尘浓度 /mg·m^{-3}	烟气黑度（林格曼级）
1	熔炼炉	高炉及高炉出铁场	一	100	—
			二	150	—
			三	200	—
		炼钢炉及混铁炉(车)	一	100	—
			二	150	—
			三	200	—
		铁合金熔炼炉	一	100	—
			二	150	—
			三	250	—
		有色金属熔炼炉	一	100	—
			二	200	—
			三	300	—

续附表 3

序号	炉窑类别		标准级别	排放限值	
				烟(粉)尘浓度/mg·m^{-3}	烟气黑度(林格曼级)
2	熔化炉	冲天炉、化铁炉	一	100	1
			二	200	1
			三	300	1
		金属熔化炉	一	100	1
			二	200	1
			三	300	1
		非金属熔化、冶炼炉	一	100	1
			二	250	1
			三	400	1
3	铁矿烧结炉	烧结机(机头、机尾)	一	100	—
			二	150	—
			三	200	—
		球团竖炉带式球团	一	100	—
			二	150	—
			三	250	—
4	加热炉	金属压延、锻造加热炉	一	100	1
			二	300	1
			三	350	1
		非金属加热炉	一	100	1
			二	300	1
			三	350	1
5	热处理炉	金属热处理炉	一	100	1
			二	300	1
			三	350	1
		非金属热处理炉	一	100	1
			二	300	1
			三	350	1

续附表 3

序号	炉窑类别		标准级别	排放限值	
				烟(粉)尘浓度 /mg·m^{-3}	烟气黑度(林格曼级)
6	干燥炉、窑		一	100	1
			二	250	1
			三	350	1
7	非金属焙(锻)烧炉窑、耐火材料窑		一	100	1
			二	300	1
			三	400	2
8	石灰窑		一	100	1
			二	250	1
			三	400	1
9	陶瓷搪瓷砖瓦窑	隧道窑	一	100	1
			二	250	1
			三	400	1
		其他窑	一	100	1
			二	300	1
			三	500	2
10	其他炉窑		一	150	1
			二	300	1
			三	400	1

注:栏中横线系指不监测项目,不同。

4.3 1997 年 1 月 1 日起通过环境影响报告书(表)批准的新建、改建、扩建的各种工业炉窑,其烟尘及生产性粉尘最高允许排放浓度、烟气黑度限值,按附表 4 规定执行。

附表 4

序号	炉窑类别		标准级别	排放限值	
				烟(粉)尘浓度 /mg·m^{-3}	烟气黑度（林格曼级）
1	熔炼炉	高炉及高炉出铁场	一	禁排	—
			二	100	—
			三	150	—
		炼钢炉及混铁炉（车）	一	禁排	—
			二	100	—
			三	150	—
		铁合金熔炼炉	一	禁排	—
			二	100	—
			三	200	—
		有色金属熔炼炉	一	禁排	—
			二	100	—
			三	200	—
2	熔化炉	冲天炉、化铁炉	一	禁排	0
			二	150	1
			三	200	1
		金属熔化炉	一	禁排	0
			二	150	1
			三	200	1
		非金属熔化、冶炼炉	一	禁排	0
			二	200	1
			三	300	1
3	铁矿烧结炉	烧结机（机头、机尾）	一	禁排	—
			二	100	—
			三	150	—
		球团竖炉带式球团	一	禁排	—
			二	100	—
			三	150	1

续附表 4

序号	炉窑类别		标准级别	排放限值	
				烟(粉)尘浓度 /mg·m⁻³	烟气黑度(林格曼级)
4	加热炉	金属压延、锻造加热炉	一	禁排	0
			二	200	1
			三	300	1
		非金属加热炉	一	50[①]	1
			二	200	1
			三	300	1
5	热处理炉	金属热处理炉	一	禁排	0
			二	200	1
			三	300	1
		非金属热处理炉	一	禁排	0
			二	200	1
			三	300	1
6	干燥炉、窑		一	禁排	0
			二	200	1
			三	300	1
7	非金属焙(锻)烧炉窑、耐火材料窑		一	禁排	0
			二	200	1
			三	300	2
8	石灰窑		一	禁排	0
			二	200	1
			三	350	1
9	陶瓷搪瓷砖瓦窑	隧道窑	一	禁排	0
			二	200	1
			三	300	1
		其他窑	一	禁排	0
			二	200	1
			三	400	2

续附表 4

序号	炉窑类别	标准级别	排放限值	
			烟(粉)尘浓度 /mg·m^{-3}	烟气黑度 (林格曼级)
10	其他炉窑	一	禁排	0
		二	200	1
		三	300	1

① 仅限于市政、建筑施工临时用沥青加热炉。

4.4 各种工业炉窑(不分其安装时间),无组织排放烟(粉)尘最高允许浓度,按附表 5 规定执行。

附表 5

设置方式	炉窑类别	无组织排放烟(粉)尘最高允许浓度/mg·m^{-3}
有车间厂房	熔炼炉、铁矿烧结炉	25
	其他炉窑	5
露天(或有顶无围墙)	各种工业炉窑	5

4.5 各种工业炉窑的有害污染物最高允许排放浓度按附表 6 规定执行。

附表 6

序号	有害污染物名称		标准级别	1997 年 1 月 1 日前安装的工业炉窑	1997 年 1 月 1 日起新、改、扩建的工业炉窑
				排放浓度/mg·m^{-3}	排放浓度/mg·m^{-3}
1	二氧化硫	有色金属冶炼	一	850	禁排
			二	1430	850
			三	4300	1430
		钢铁烧结冶炼	一	1430	禁排
			二	2860	2000
			三	4300	2860
		燃煤(油)炉窑	一	1200	禁排
			二	1430	850
			三	1800	1200

续附表 6

序号	有害污染物名称		标准级别	1997年1月1日前安装的工业炉窑 排放浓度/mg·m⁻³	1997年1月1日起新、改、扩建的工业炉窑 排放浓度/mg·m⁻³
2	氟及其化合物(以F计)		一	6	禁排
			二	15	6
			三	50	15
3	铅	金属熔炼	一	5	禁排
			二	30	10
			三	45	35
		其他	一	0.5	禁排
			二	0.10	0.10
			三	0.20	0.10
4	汞	金属熔炼	一	0.05	禁排
			二	3.0	1.0
			三	5.0	3.0
		其他	一	0.008	禁排
			二	0.010	0.010
			三	0.020	0.010
5	铍及其化合物(以Be计)		一	0.010	禁排
			二	0.015	0.010
			三	0.015	0.015
6	沥青油烟		一	10	5①
			二	80	50
			三	150	100

① 仅限于市政、建筑工地临时用沥青加热炉。

4.6 烟囱高度

4.6.1 各种工业炉窑烟囱(或排气筒)最低允许高度为15 m。

4.6.2 1997年1月1日起新建、改建、扩建的排放烟(粉)尘和有害污染物的工业炉窑,其烟囱(或排气筒)最低允许高度除应执行4.6.1和4.6.3规定外,还应按批准的环境影响评价报告书要求确定。

4.6.3 各种工业炉窑烟囱(或排气筒)高度如果达不到4.6.1、4.6.2和4.6.3的任何一项规定时,其烟(粉)尘或有害污染物最高允许排放浓度,应按相应区域排放标准值的50%执行。

4.6.4 1997年1月1日起新建、改建、扩建的工业炉窑烟囱(或排气筒)应设置永久采样、监测孔和采样监测用平台。

5 监测

5.1 测试工况:测试在最大热负荷下进行,当炉窑达不到或超过设计能力时,也必须在最大生产能力的热负荷下测定,即在燃料耗量较大的稳定加温阶段进行。一般测试时间不得少于2 h。

5.2 实测的工业炉窑的烟(粉)尘、有害污染物排放浓度,应换算为规定的掺风系数或过量空气系数时的数值:

冲天炉(冷风炉,鼓风温度不大于400℃)掺风系数规定为4.0;冲天炉(热风炉,鼓风温度大于400℃)掺风系数规定为2.5;

其他工业炉窑过量空气系数规定为1.7。

熔炼炉、铁矿烧结炉按实测浓度计。

5.3 无组织排放烟尘及生产性粉尘监测点,设置在工业炉窑所在厂房门窗排放口处,并选浓度最大值。若工业炉窑露天设置(或有顶无围墙),监测点应选在距烟(粉)尘排放源5 m,最低高度1.5 m处任意点,并选浓度最大值。

6 标准实施

6.1 本标准由县级以上人民政府环境保护主管部门负责监督实施。

6.2 位于国务院批准的酸雨控制区和二氧化硫污染控制内的各种工业炉窑,SO_2的排放除执行本标准外,还应执行总量控制标准。

附录 5 《火电厂大气污染物排放标准》GB13223—2003

前言

为贯彻《中华人民共和国环境保护法》和《中华人民共和国大气污染防治法》,防治火电厂排放造成的污染,保护生活环境和生态环境,改善环境质量,促进火力发电行业的技术进步和可持续发展,制定本标准。

自本标准各时段排放限值实施之日起,代替国家污染物排放标准《火电厂大气污染物排放标准》(GB13223—1996)。

本标准对《火电厂大气污染物排放标准》(GB13223—1996)主要做了如下修改:调整了大气污染物排放浓度限值;取消了按除尘器类型和燃煤灰分、硫分含量规定不同排放浓度限值的做法;规定了现有火力发电锅炉达到更加严格的排放限值的时限;调整了折算火电厂大气污染物排放浓度的过量空气系数。

按有关法律规定,本标准具有强制执行的效力。

本标准所替代的历次版本发布情况为:GB13223—1991、GB13223—1996。

本标准由国家环境保护总局科技标准司提出。

本标准由中国环境科学研究院、国家环境保护研究所等单位起草。

本标准国家环境保护总局 2003 年 12 月 23 日批准。

本标准自 2004 年 1 月 1 日实施。

本标准由国家环境保护总局解释。

1 主要内容与适用范围

本标准按时间段规定了火电厂大气污染物最高允许排放限值,适用于现有火电厂的排放管理以及火电厂建设项目的环境影响评价、设计、竣工验收和建成运行后的排放管理。

本标准适用于使用单台出力 65 t/h 以上除层燃炉、抛煤机炉外的燃煤发电锅炉；各种容量的煤粉发电锅炉；单台出力 65 t/h 以上燃油发电锅炉；以及各种容量的燃气轮机组的火电厂。单台出力 65 t/h 以上采用甘蔗渣、锯末、树皮等生物质燃料的发电锅炉，参照本标准中以煤矸石等为主要燃料的资源综合利用火力发电锅炉的污染物排放控制要求执行。

本标准不适用于各种容量的以生活垃圾、危险废物为燃料的火电厂。

2 规范性引用文件

下列文件中的条款通过本标准的引用而成为本标准的条款。凡是注日期的引用文件，其随后所有的修改单（不包括勘误的内容）或修订版均不适用于本标准，然而，鼓励根据本标准达成协议的各方研究是否可使用这些文件的最新的版本。凡是不注日期的引用文件，其最新版本适用于本标准。

GB/T 16157 固定污染源排气中颗粒物测定与气态污染物采样方法

HJ/T 42 固定污染源排气中氮氧化物的测定紫外分光光度法

HJ/T 43 固定污染源排气中氮氧化物的测定盐酸萘乙二胺分光光度法

HJ/T 56 固定污染源排气中二氧化硫的测定碘量法

HJ/T 57 固定污染源排气中二氧化硫的测定定电位电解法

HJ/T 75 火电厂烟气排放连续监测技术规范

空气与废气监测分析方法（中国环境科学出版社）

3 术语和定义

本标准采用下列术语和定义。

3.1

火电厂 thermal power plant

燃烧固体、液体、气体燃料的发电厂。

3.2

坑口电厂 coal mine mouth power plant

位于煤矿附近，以皮带运输机、汽车或煤矿铁路专用线运输燃煤的发电厂。

3.3

标准状态 standard condition

烟气在温度为 273 K，压力为 101325 Pa 时的状态，简称“标态”。本标准中所规定的大气污染物排放浓度均指标准状态下干烟气的数值。

3.4

烟气排放连续监测 continuous emissions monitoring

烟气排放连续监测是指对火电厂排放的烟气进行连续、实时跟踪监测。

3.5

过量空气系数 excess air coefficient

燃料燃烧时，实际空气供给量与理论空气需要量之比值，用“α”表示。

3.6

干燥无灰基挥发分 volatile matter (dry ash-free basis)

以假想无水、无灰状态的煤为基准，将煤样在规定条件下隔绝空气加热，并进行水分和灰分校正后的质量损失，称之干燥无灰基挥发分，用“Vdaf”表示。

3.7

西部地区 western region

西部地区是指重庆市、四川省、贵州省、云南省、西藏自治区、陕西省、甘肃省、青海省、宁夏回族自治区、新疆维吾尔自治区、广西壮族自治区、内蒙古自治区。

4 污染物排放控制要求

4.1 时段的划分

本标准分三个时段，对不同时期的火电厂建设项目分别规定了排放控制要求：

1996年12月31日前建成投产或通过建设项目环境影响报告书审批的新建、扩建、改建火电厂建设项目，执行第1时段排放控制要求。

1997年1月1日起至本标准实施前通过建设项目环境影响报告书审批的新建、扩建、改建火电厂建设项目，执行第2时段排放控制要求。

自2004年1月1日起，通过建设项目环境影响报告书审批的新建、扩建、改建火电厂建设项目(含在第2时段中通过环境影响报告书审批的新建、扩建、改建火电厂建设项目，自批准之日起满5年，在本标准实施前尚未开工建设的火电厂建设项目)，执行第3时段排放控制要求。

4.2 污染物排放限值

4.2.1 烟尘最高允许排放浓度和烟气黑度限值

各时段火力发电锅炉烟尘最高允许排放浓度和烟气黑度执行附表7规定的限值。

附表7 火力发电锅炉烟尘最高允许排放浓度和烟气黑度限值

时 段	烟尘最高允许排放浓度/$mg \cdot m^{-3}$					烟气黑度(林格曼黑度，级)
	第3时段		第1时段		第2时段	
实施时间	2005年1月1日	2010年1月1日	2005年1月1日	2010年1月1日	2004年1月1日	2004年1月1日
燃煤锅炉	300① 600②	200	200① 500②	50 100③ 200④	50 100③ 200④	1.0
燃油锅炉	200	100	100	50	50	

① 县级及县级以上城市建成区及规划区内的火力发电锅炉执行该限值；

② 县级及县级以上城市建成区及规划区以外的火力发电锅炉执行该限值；

③ 在本标准实施前，环境影响报告书已批复的脱硫机组，以及位于西部非两控区的燃用特低硫煤(入炉燃煤收到基硫分小于0.5%)的坑口电厂锅炉执行该限值；

④ 以煤矸石等为主要燃料(入炉燃料收到基低位发热量小于等于12550 kJ/kg)的资源综合利用火力发电锅炉执行该限值。

4.2.2 二氧化硫最高允许排放浓度限值

各时段火力发电锅炉二氧化硫最高允许排放浓度执行附表 8 规定的限值。第 3 时段位于西部非两控区的燃用特低硫煤(入炉燃煤收到基硫分小于 0.5%)的坑口电厂锅炉须预留脱硫装置空间。

附表 8 火力发电锅炉二氧化硫最高允许排放浓度 (mg/m^3)

时 段	第 1 时 段		第 2 时 段		第 3 时 段
实施时间	2005 年 1 月 1 日	2010 年 1 月 1 日	2005 年 1 月 1 日	2010 年 1 月 1 日	2004 年 1 月 1 日
燃煤锅炉及燃油锅炉	2100①	1200①	2100 1200②	400 1200②	400 800③ 1200④

① 该限值为全厂第 1 时段火力发电锅炉平均值;

② 在本标准实施前,环境影响报告书已批复的脱硫机组,以及位于西部非两控区的燃用特低硫煤(入炉燃煤收到基硫分小于 0.5%)的坑口电厂锅炉执行该限值;

③ 以煤矸石等为主要燃料(入炉燃料收到基低位发热量小于等于 12550 kJ/kg)的资源综合利用火力发电锅炉执行该限值;

④ 位于西部非两控区内的燃用特低硫煤(入炉燃煤收到基硫分小于 0.5%)的坑口电厂锅炉执行该限值。

在本标准实施前,环境影响报告书已批复的第 2 时段脱硫机组,自 2015 年 1 月 1 日起,执行 400 mg/m^3 的限值,其中以煤矸石等为主要燃料(入炉燃料收到基低位发热量小于等于 12550 kJ/kg)的资源综合利用火力发电锅炉执行 800 mg/m^3 的限值。

4.2.3 氮氧化物最高允许排放浓度限值

火力发电锅炉及燃气轮机组氮氧化物最高允许排放浓度执行附表 9 规定的限值。第 3 时段火力发电锅炉须预留烟气脱除氮氧化物装置空间。液态排渣煤粉炉执行 $V_{daf}<10\%$ 的氮氧化物排放浓度限值。

附表 9　火力发电锅炉及燃气轮机组氮氧化物最高允许排放浓度

（mg/m^3）

时　段		第 1 时 段	第 2 时 段	第 3 时 段
实 施 时 间		2005 年 1 月 1 日	2005 年 1 月 1 日	2004 年 1 月 1 日
燃煤锅炉	$V_{daf} < 10\%$	1500	1300	1100
	$10\% \leqslant V_{daf} \leqslant 20\%$	1100	650	650
	$V_{daf} > 20\%$			450
燃油锅炉		650	400	200
燃气轮机组	燃油			150
	燃气			80

4.3　全厂二氧化硫最高允许排放速率

4.3.1　全厂二氧化硫最高允许排放速率的计算

新建、改建和扩建属于第 3 时段的火电厂建设项目，在满足 4.2 中规定的排放浓度限值要求时，还须同时满足火电厂全厂二氧化硫最高允许排放速率限值要求。火电厂全厂二氧化硫最高允许排放速率按公式(1)～(3)计算。

$$Q = P \times \overline{U} \times H_g^2 \times 10^{-3} \tag{1}$$

$$\overline{U} = \frac{1}{N}\sum_{t=1}^{N} U_t \tag{2}$$

$$H_g = \sqrt{\frac{1}{N}\sum_{t=1}^{N} H_{et}^2} \tag{3}$$

式中　Q——全厂二氧化硫允许排放速率，kg/h；

P——排放控制系数；

$\overline{U}$——各烟囱出口处环境风速的平均值，m/s；

H_g——全厂烟囱等效单源高度，m；

H_{ei}——第 i 个烟囱有效高度，m；

U_i——第 i 个烟囱出口处的环境风速，m/s；按附录 6 规定计算。

烟囱的有效高度计算方法如下：

$$H_e = H_s + \Delta H \quad (4)$$

式中 H_e——烟囱有效高度,m;

H_s——烟囱几何高度,m;当烟囱几何高度超过 240 m 时,仍按 240 m 计算;

ΔH——烟气抬升高度,m,按附录 A 规定计算。

4.3.2 *P* 值的确定

各地区最高允许排放控制系数 *P* 执行附表 10 中给出的限值。

附表 10 各地区最高允许排放控制系数 *P* 限值

区 域	北京、天津、河北、辽宁、上海、江苏、浙江、福建、山东、广东、海南	山西、吉林、黑龙江、安徽、江西、河南、湖北、湖南	重庆、四川、贵州、云南、西藏、陕西、甘肃、青海、宁夏、新疆、内蒙古、广西
重点城市建成区及规划区①	≤2.6	≤3.8	≤5.1
一般城市建成区及规划区②	≤6.7	≤8.2	≤9.7
城市建成区和规划区外	≤11.5	≤13.3	≤15.4

① 重点城市是指国务院批复的大气污染防治重点城市;

② 一般城市是指县级及县级以上的城市。

4.3.3 烟囱高度

地方环境保护行政主管部门可以根据具体情况规定烟囱高度最低限值。

5 监测

5.1 大气污染物的监测分析方法

火电厂大气污染物的监测应在机组运行负荷的 75% 以上进行。

5.1.1 火电厂大气污染物的采样方法

火电厂大气污染物的采样方法执行 GB/T 16157《固定污染源

排气中颗粒物测定与气态污染物采样方法》规定。

5.1.2 火电厂大气污染物的分析方法

火电厂大气污染物的分析方法见附表11。

5.2 大气污染物的过量空气系数折算值

实测的火电厂烟尘、二氧化硫和氮氧化物排放浓度，必须执行GB/T 16157规定按公式(5)进行折算，燃煤锅炉按过量空气系数折算值 $\alpha=1.4$ 进行折算；燃油锅炉按过量空气系数折算值 $\alpha=1.2$ 进行折算；燃气轮机组按过量空气系数折算值 $\alpha=3.5$ 进行折算。

$$C=C'\times(\alpha'/\alpha) \tag{5}$$

式中 C——折算后的火电机组烟尘、二氧化硫和氮氧化物排放浓度，mg/m^3；

C'——实测的火电机组烟尘、二氧化硫和氮氧化物排放浓度，mg/m^3；

α'——实测的过量空气系数；

α——规定的过量空气折算系数。

5.3 全厂第1时段火力发电锅炉二氧化硫平均浓度计算

全厂第1时段火力发电锅炉二氧化硫平均浓度按公式(6)计算。

$$C=(C_1\times V_1+C_2\times V_2+\Lambda+C_n\times V_n)/(V_1+V_2+\Lambda+V_n) \tag{6}$$

式中 C——全厂第1时段火力发电锅炉二氧化硫平均浓度，mg/m^3；

C_1、C_2、C_n——按5.2中的方法折算后的第1时段中第1、2、n台火力发电锅炉二氧化硫浓度，mg/m^3；

V_1、V_2、V_n——第1时段中第1、2、n台火力发电锅炉排烟率，m^3/s(标态)。

5.4 气态污染物浓度换算

本标准中1 μmol/mol(1×10^{-6})二氧化硫相当于2.86 mg/m^3二氧化硫质量浓度。氮氧化物质量浓度以二氧化氮计，按1 μmol/

mol(1×10^{-6})氮氧化物相当于2.05 mg/m^3,将体积浓度换算成质量浓度。

附表 11　火电厂大气污染物分析方法

序号	分析项目	大气污染物分析方法
1	烟尘	GB/T 16157 重量法
2	烟气黑度	林格曼黑度法《空气和废气监测分析方法》 测烟望远镜法《空气和废气监测分析方法》 光电测烟仪法《空气和废气监测分析方法》
3	二氧化硫	HJ/T 56 碘量法 HJ/T 57 定电位电解法 自动滴定碘量法《空气和废气监测分析方法》 非分散红外吸收法《空气和废气监测分析方法》 电导率法《空气和废气监测分析方法》
4	氮氧化物	HJ/T 42 紫外分光光度法 HJ/T 43 盐酸萘乙二胺分光光度法 定电位电解法《空气和废气监测分析方法》 非分散红外法《空气和废气监测分析方法》

5.5　烟气排放的连续监测

5.5.1　火力发电锅炉须装设符合 HJ/T75 要求的烟气排放连续监测仪器。

5.5.2　火电厂大气污染物的连续监测按 HJ/T75 中的规定执行。

5.5.3　烟气排放连续监测装置经省级以上人民政府环境保护行政主管部门验收合格后,在有效期内其监测数据为有效数据。

6　标准实施

6.1　本标准由县级以上人民政府环境保护行政主管部门负责监督实施。

6.2　火电厂大气污染物排放除执行本标准外,还须执行国家和地方总量排放控制指标。

附录 A
烟气抬升高度计算方法
（规范性附录）

A1 烟气抬升高度的计算：

烟气抬升高度按公式附 A-1～附 A-5 计算。

当 $Q_H \geqslant 21000$ kJ/s，且 $\Delta T \geqslant 35$ K 时：

城市、丘陵：　$\Delta H = 1.303 Q_H^{1/3} H_s^{2/3} / U_s$　（附 A-1）

平原农村：　$\Delta H = 1.427 Q_H^{1/3} H_s^{2/3} / U_s$　（附 A-2）

当 $2100 \leqslant Q_H \leqslant 21000$ kJ/s，且 $\Delta T \geqslant 35$ K 时：

城市、丘陵：　$\Delta H = 0.292 Q_H^{3/5} H_s^{2/5} / U_s$　（附 A-3）

平原农村　$\Delta H = 0.332 Q_H^{3/5} H_s^{2/5} / U_s$　（附 A-4）

当 $Q_H < 2100$ kJ/s，或 $T < 35$ K 时：

$$\Delta H = 2(1.5 V_s d) + 0.010 Q_H / U_s \quad \text{（附 A-5）}$$

式中 ΔT——烟囱出口处烟气温度与环境温度之差，K，计算方法见 A1.1；

Q_H——烟气热释放率，kJ/s，计算方法见 A1.2；

U_s——烟囱出口处的环境风速，m/s，计算方法见 A1.3；

V_s——烟囱出口处实际烟速，m/s；

d——烟囱出口内径，m。

其他符号意义同本标准 4.3.1。

A1.1 烟囱出口处烟气温度与环境温度之差 ΔT

烟囱出口处烟气温度与环境温度之差 ΔT 按公式附 A-6 计算。

$$\Delta T = T_s - T_a \quad \text{（附 A-6）}$$

式中 T_s——烟囱出口处烟气温度，K，可用烟囱入口处烟气温度按 −5℃/100 m 递减率换算所得值；

T_a——烟囱出口处环境平均温度，K，可用电厂所在地附近的气象台、站定时观测最近五年地面平均气温代替。

A1.2 烟气热释放率 Q_H 的计算

烟气热释放率 Q_H 按公式附 A-7 计算。

$$Q_H = C_p V_0 \Delta T \qquad \text{(附 A-7)}$$

式中 C_p——烟气平均定压比热容，1.38 kJ/m³·K(标态)；

V_0——排烟率，m³/s(标态)。当一座烟囱连接多台锅炉时，该烟囱的 V_0 为所连接的各锅炉该项数值之和。

A1.3 烟囱出口处环境风速的计算

烟囱出口处环境风速按公式附 A-8 计算。

$$U_s = \overline{U}_{10}\left(\frac{H_s}{10}\right)^{0.15} \qquad \text{(附 A-8)}$$

式中 U_s——烟气抬升计算风速，m/s，当 $\overline{U}_{10} < 2.0$ m/s 时，取 $\overline{U}_{10} = 2.0$ m/s。

$\overline{U}_{10}$——地面 10 m 高度处平均风速，m/s，采用电厂所在地最近的气象台、站最近五年观测的距地面 10 m 高度处的风速平均值，当 $\overline{U}_{10} < 1.3$ m/s 时，取 $\overline{U}_{10} = 1.3$ m/s；

H_s——烟囱几何高度，m。

参考文献

1 An W Z, Zhang Q L, Chuang K T, et al. A Hydrophobic Pt-Fluorinated Carbon Catalyst for Reaction of NO with NH_3. Industrial & Engineering Chemistry Research. 2002, 41: 27～31

2 Anstrom M, Topsøe N Y, Dumesic J A. Density Functional Theory Studies of Mechanistic Aspects of the SCR Reaction on Vanadium Oxide Catalysts. Journal of Catalysis. 2003, 213: 115～125

3 Apostolescu N, Geiger B, Hizbullah K, et al. Selective Catalytic Reduction of Nitrogen Oxides by Ammonia on Iron Oxide Catalysts. Applied Catalysis B: Environmental. 2006, 62: 104～114

4 Atsushi U, Takayuki N, Masashi A, et al. 1998. Two Conversion Maxima at 373 and 573 K in the Reduction of Nitrogen Monoxide with Hydrogen over Pd/TiO_2 Catalyst. Catalysis Today. 1998, 45: 135～138

5 Bentrup U, Brückner A, Richter M, Fricke R. NO_x Adsorption on MnO_2/NaY Composite: an in-situ FTIR and EPR Study. Applied Catalysis B: Environmental. 2001, 32: 229～241

6 Beutel T, Adelman B J, Sachtler WMH. FTIR Study of the Nitrogen Isotopic Exchange between Adsorbed $O^{15}NO_2$ Complexes and $O^{14}NO$ over Cu/ZSM-5 and Co/ZSM-5. Appllied Catalysis B: Environmental. 1996, 9: L1～L10

7 Blanco J, Avila P, Suárez S, et al. CuO/NiO Monolithic Catalysts for NO_x Removal from Nitric Acid Plant Flue Gas. Chemical Engineering Journal. 2004, 97: 1～9

8 Broclawik E, Datka J, Gilb B, et al. Why Cu^+ in ZSM-5 Framework is Active in De-NO_x Reaction: Quantum Chemical Calculations and IR Studies. Catalysis Today. 2002, 75: 353～357

9 Carabineiro S A, Fernandes F B, Vital J S, et al. NO Conversion Using Binary Vanadium Mixtures Supported on Activated Carbon. Applied Catalysis B: Environmental. 2003, 44: 227～235

10 Centi G, Perathoner S, Biglino D, et al. Adsorption and Reactivity of NO on Copper-on-Alumina Catalysts: I. Formation of Nitrate Species and Their Influence on Reactivity in NO and NH_3 Conversion. Journal of Catalysis. 1995, 152: 75～92

11 Cheshkova K T, Stoilova D G. FTIR Spectroscopic Study of NH_3 and NH_3 Adsorption on Alumina-supported Mixed Copper-manganese Oxide Catalysts. Reaction Kinetics and Catalysis Letters. 2001, 73(2): 237～243.

12 Chooa S T, Yima S D, Nama I, et al. Effect of Promoters Including WO_3 and BaO on

the Activity and Durability of V_2O_5 Psulfated TiO_2 Catalyst for NO Reduction by NH_3. Applied Catalysis B: Environmental. 2003, 44: 237～252

13 Costa C N, Stathopoulos V N, Belessi V C, et al. An Investigation of the $NO/H_2/O_2$ (Lean-deNO_x) Reaction on a Highly Active and Selective $Pt/La_{0.5}Ce_{0.5}MnO_3$ Catalyst. Journal of Catalysis. 2001, 197: 350～364

14 Dean J A. Lange's handbook of chemistry. 15th Edition. McGraw-Hill Book, NY. 1999

15 Djerad S, Tifouti L, Crocoll M, et al. 2004. Effect of Vanadia and Tungsten Loadings on the Physical and Chemical Characteristics of V_2O_5-WO_3/TiO_2 Catalysts. Journal of Molecular Catalysis A: Chemical. 2004, 208: 257～265

16 Forzatti P. Environmental Catalysis for Stationary Applications. Catalysis Today. 2000, 62: 51～65

17 Forzatti P. Present Status and Perspectives in de-NO_x SCR Catalysis. Applied Catalysis A: General. 2001, 222: 221～236

18 Gianotti E, Marchese L, Martra G, Cosuccia S. The Interaction of NO with Co^{2+}/Co^{3+} Redox Centres in CoAPOs Catalysts: FTIR and UV-VIS investigations. Catalysis Today. 1999, 54: 547～552

19 Hadjiivanov K, Knözinger H. Species Formed after NO Adsorption and NO + O_2 Co-adsorption on TiO_2: an FTIR Spectroscopic Study. Physical Chemistry Chemical Physics. 2000, 2: 2803～2806

20 Hadjiivanov K, Saussey J, Freysz J L, Lavalley J C. FTIR Study of NO + O_2 Co-adsorption on H-ZSM-5: Re-assignment of the 2133 cm^{-1} Band to NO^+ Species. Catalysis Letters. 1998, 52: 103～108

21 Hadjiivanov K, Tsyntsarski B, Nikolova T. Stability and Reactivity of the Nitrogen-oxo Species Formed after NO Adsorption and NO + O_2 Coadsorption on Co-ZSM-5: An FTIR Spectroscopic Study. Physical Chemistry Chemical Physics. 1999, 1: 4521～4528

22 Hadjiivanov K. Use of Overtones and Combination Modes for the Identification of Surface NO_x Anionic Species by IR Spectroscopy. Catalysis Letters. 2000, 68(3～4): 157～161

23 Hao J M, Tian H Z, Lu YQ, et al. Anthropogenic Nitrogen Oxides Emissions in China in the Period 1990～1998. Abstracts of Papers of American Chemistry Society, 2001, 221: 45 - Fuel Part 1 April 1 2001

24 Hao J M, Tian H Z, Lu Y Q. Emission Inventories of NO_x from Commercial Energy Consumption in China, 1996～1998. Environmental Science & Technology. 2002,

36: 552～560

25 Huang Z G, Zhu Z P, Liu Z Y. Combined Effect of H_2O and SO_2 on V_2O_5 PAC Catalysts for NO Reduction with Ammonia at Lower Temperatures. Applied Catalysis B: Environmental. 2002, 39: 361～368

26 Ito E, Mergler Y J, Nieuwenhuys B E, et al. Infrared Studies of NO Adsorption and Co-adsorption of NO and O_2 onto Cerium-exchanged Mordenite (CeNaMOR). Microporous Mater. 1995, 4: 455～465

27 Kantcheva M. Identification, Stability, and Reactivity of NO_x Species Adsorbed on Titania-supported Manganese Catalysts. Journal of Catalysis. 2001, 204: 479～494

28 Kapteijn F, Singoredjo L, Andreini A, et al. Activity and Selectivity of Pure Manganese Oxides in the Selective Catalytic Reduction of Nitric-oxide with Ammonia. Applied Catalysis B: Environmental. 1994, 3:173～189

29 Kapteijn F, Singoredjo L, Dekker NJJ, Moulijn JA. Kinetics of the Selective Catalytic Reduction of NO with NH_3 over Manganese Oxide Mn_2O_3-WO_3/γ-Al_2O_3. Industrial & Engineering Chemistry Research. 1993, 32: 445～452

30 Khodayari R, Odenbrand CUI. Regeneration of Commercial TiO_2-V_2O_5-WO_3 SCR Catalysts Used in Bio Fuel Plants. Applied Catalysis B: Environmental. 2001, 30: 87～99

31 Kijlstra W S, Brands D S, Poels E K, et al. Kinetics of the Selective Catalytic Reduction of NO with NH_3 over MnO_x/Al_2O_3 Catalysts at Low Temperature. Catalysis Today, 1999, 50: 133～140

32 Kijlstra W S, Brands D S, Smit H I, et al. Mechanism of the Selective Catalytic Reduction of NO with NH_3 over MnO_x/Al_2O_3. Journal of Catalysis. 1997, 171: 219～230

33 Koebel M, Madia G, Elsener M. Selective Catalytic Reduction of NO and NO_2 at Low Temperatures. Catalysis Today. 2002, 73: 239～247

34 Koebel M, Madia G, Raimondi F, et al. Enhanced Reoxidation of Vanadia by NO_2 in the Fast SCR Reaction. Journal of Catalysis. 2002, 209:159～165

35 Krishna K, Seijger GBF, Bleek CM, et al. 2002. Very Active CeO_2-zeolite Catalysts for NO_x Reduction with NH_3. Chemical Communication. 2002, 18: 2030～2031

36 Larrubia M A, Ramis G, Busca G. An FTIR Study of the Adsorption and Oxidation of N-Containing Compounds over Fe_2O_3-TiO_2 SCR Catalysts. Appllied Catalysis B: Environmental. 2001, 30: 101～110

37 Li WB, Yang R T, Krist K, et al. Selective Adsorption of NO_x from Hot Combustion Gases by Ce-doped CuO/TiO_2. Energy & Fuels. 1997, 11: 428～432

38 Lietti L, Nova I, Forzatti P. Selective Catalytic Reduction (SCR) of NO by NH_3 over TiO_2 Supported V_2O_5-WO_3 and V_2O_5-MoO_3 Catalysts. Topics in Catalysis. 2000, 11:

111～122

39 Lin C H, Bai H. Surface Acidity over Vanadia/Titania Catalyst in the Selective Catalytic Reduction for NO Removal in-situ DRIFTS Study. Applied Catalysis B: Environmental. 2003, 42: 279～287

40 Long R Q, Chang M T, Yang R T. Enhancement of Activities by Sulfation on Fe-exchanged TiO_2-pillared Clay for Selective Catalytic Reduction of NO by Ammonia. Applied Catalysis B: Environmental. 2001, 33: 97～107

41 Long R Q, Yang R T. Characterization of Fe-ZSM-5 Catalyst for Selective Catalytic Reduction of Nitric Oxide by Ammonia. Journal of Catalysis. 2000, 194: 80～90

42 Long R Q, Yang R T, Chang R. Low Temperature Selective Catalytic Reduction (SCR) of NO with NH_3 over Fe-Mn Based Catalysts. Chemical Communication. 2002, 5: 452～453

43 Macleod N, Cropley R, Lambert R M. Efficient Reduction of NO_x by H_2 under Oxygen-rich Conditions over Pd/TiO_2 Catalysts: An in-situ DRIFTS Study. Catalysis Letters. 2003, 86: 69～75

44 Macleod N, Lambert R M. An in-situ DRIFTS Study of Efficient Lean NO_x Reduction with $H_2 + CO$ over Pd/Al_2O_3: The Key Role of Transient NCO Formation in the Subsequent Generation of Ammonia. Applied Catalysis B: Environmental. 2003, 46: 483～495

45 Macleod N, Lambert R M. Lean NO_x Reduction with $CO + H_2$ Mixtures over Pt/Al_2O_3 and Pd/Al_2O_3 Catalysts. Applied Catalysis B: Environmental. 2002, 35: 269～279

46 Macleod N, Lambert R M. Selective NO_x Reduction During the $H_2 + NO + O_2$ Reaction under Oxygen-rich Conditions over $Pd/V_2O_5/Al_2O_3$: Evidence for in site Ammonia Generation. Catalysis Letters. 2003, 90: 111～115

47 Marbán G, Fuertes A B. Low-temperature SCR of NO_x with NH_3 over Nomex^{tm} Rejects-based Activated Carbon Fibre Composite-supported Manganese Oxides Part Ⅰ. Applied Catalysis B: Environmental. 2001, 34: 43～53

48 Marbán G, Fuertes A B. Low-temperature SCR of NO_x with NH_3 over Nomex^{tm} Rejects-based Activated Carbon Fibre Composite-supported Manganese Oxides Part Ⅱ. Applied Catalysis B: Environmental. 2001, 34: 55～71

49 Nakahjima F, Hamada I. The State-of-the-art Technology of NO_x Control. Catalysis Today. 1996, 29: 109～115

50 Nakamoto, K. "IR and Raman Spectra of Inorganic and Organic Compounds", 3rd ed. Wiley, New York, 1978

51 Okazaki S, Kumasaka M, Yoshida J, et al. Effect of Sulfate Ion on the Catalytic Ac-

tivity of Molybdenum Oxide-titanium Dioxide (MoO_x-TiO_2) for the Reduction of Nitric Oxide with Ammonia. Industrial & Engineering Chemical Product Research and Development. 1981, 20: 301~305

52 Pamela M, Kathleen A L, Sharon J H. The Globalization of Nitrogen Deposition: Consequences for Terrestrial Ecosystems. Ambio. 2002, 31: 113~119

53 Pârvulescu VI, Boghosian S, Parvulescu V, et al. Selective Catalytic Reduction of NO with NH_3 over Mesoporous V_2O_5-TiO_2-SiO_2 Catalysts. Journal of Catalysis. 2003, 217:172~185

54 Peña D A, Uphade B S, Smirniotis P G. TiO_2-supported Metal Oxide Catalysts for Low-temperature Selective Catalytic Reduction of NO with NH_3. Journal of Catalysis, 2004, 221: 421~431

55 Pietrogiacomi D, Sannino D, Magliano A, et al. The Catalytic Activity of $CuSO_4$/ZrO_2 for the Selective Catalytic Reduction of NO_x with NH_3 in the Presence of Excess O_2. Applied Catalysis B: Environmental. 2002, 36: 217~230

56 Qi G, Yand R T. Characterization and FTIR Studies of MnO_x-CeO_2 Catalyst for Low-temperature Selective Catalytic Reduction of NO with NH_3. Journal of Physical Chemistry B. 2004a, 108: 15738~15747

57 Qi G, Yang R T, Chang R. Low-temperature SCR of NO with NH_3 over USY-supported Manganese Oxide-based Catalysts. Catalysis Letters. 2003a, 87: 67~71

58 Qi G, Yang R T, Chang R T. MnO_x-CeO_2 Mixed Oxides Prepared by Co-precipitation for Selective Catalytic Reduction of NO with NH_3 at Low Temperatures. Applied Catalysis B: Environmental. 2004b, 51: 93~106

59 Qi G, Yang R T. A Superior Catalyst for Low-temperature NO Reduction with NH_3. Chemical Communication. 2003b, 7: 848~849

60 Qi G, Yang R T. Performance and Kinetics Study for Low-temperature SCR of NO with NH_3 over MnO_x-CeO_2 Catalyst. Journal of Catalysis. 2003c, 217: 434~441

61 Ramis G, Larrubia M A. An FTIR Study of the Adsorption and Oxidation of N-containing Compounds over Fe_2O_3/Al_2O_3 SCR Catalysts. Journal of Molecular Catalysis A: Chemical. 2004, 215: 161~167

62 Ramis G, Yi L, Busca G. Ammonia Activation over Catalysts for the Selective Catalytic Reduction of NO_x and the Selective Catalytic Oxidation of NH_3. An FTIR study. Catalysis Today. 1996, 28: 373~380

63 Ramis G, Yi Li, Busca G, et al. Adsorption, Activation, and Oxidation of Ammonia over SCR Catalysts. Journal of Catalysis. 1995, 157: 523~535

64 Richter M, Trunschke A, Bentrup U, et al. Selective Catalytic Reduction of Nitric

Oxide by Ammonia over Egg-shell MnO_x/NaY Composite Catalysts. Journal of Catalysis. 2002, 206: 98~113

65 Salker A V, Weisweiler W. Catalytic Behaviour of Metal Based ZSM-5 Catalysts for NO_x Reduction with NH_3 in Dry and Humid Conditions. Applied Catalysis A: General. 2002, 203: 221~229

66 Salker A V, Weiweiler W. Catalytic Behaviour of Metal Based ZSM-5 Catalysts for NO_x Reduction with NH_3 in Dry and Humid Conditions Applied Catalysis A: General. 2000, 203: 221~229

67 Schneider H, Scharf U, Wokaun A, et al. Nature of Active-sites for Selective Catalytic Reduction of NO by NH_3. Journal of Catalysis. 1994, 146: 545~556

68 Stefan B, Thomas H. Selective Catalytic Reduction of Nitrogen Oxides by Combining a Non-thermal Plasma and a V_2O_5-WO_3/TiO_2 Catalyst. Applied Catalysis B: Environmental. 2000, 28: 101~111

69 Stevenson S A, Vartuli J C. The Selective Catalytic Reduction of NO_2 by NH_3 over HZSM-5. Journal of Catalysis. 2002, 208: 100~105

70 Suárez S, Jung S M, Avila P, et al. Influence of NH_3 and NO Oxidation on the SCR Reaction Mechanism on Copper/Nickel and Vanadium Oxide Catalysts Supported on Alumina and Titania. Catalysis Today. 2002, 75: 331~338

71 Tae S P, Soon K J, Sung H H, et al. Selective Catalytic Reduction of Nitrogen Oxides with NH_3 over Natural Manganese Ore at Low Temperature. Industrial & Engineering Chemistry Research. 2001, 40: 4491~4495

72 Topsoe N Y, Anstrom M, Dumesic J A. Raman, FTIR and Theoretical Evidence for Dynamic Atructural Rearrangements of Vanadia/Titania DeNO_x Catalysts. Catalysis Letters. 2001, 76(1~2): 11~20

73 Valdés-Solýs T, Marbán G, Fuertes A B. Kinetics and Mechanism of Low temperature SCR of NO_x with NH_3 over Vanadium Oxide Supported on Carbon-ceramic Cellular Monoliths. Industrial & Engineering Chemistry Research. 2004, 43: 2349~2355

74 Valdés-Solýs T, Marbán G, Fuertes A B. Low temperature SCR of NO_x with NH_3 over Carbon-ceramic Supported Catalysts. Applied Catalysis B: Environmental. 2003, 46: 261~271

75 Valdés-Solýs T, Marbán G, Fuertes A B. Mechanism of Low Temperature Selective Catalytic Reduction of NO with NH_3 over Carbon-supported Mn_3O_4 Active Phase and Role of Surface NO Species. Physical Chemistry Chemical Physics. 2004, 6: 453~464

76 Wagner C D, Riggs W M, Davis L E, et al. Handbook of X-ray Photoelectron Spec-

troscopy., Eden Prairie: Perkin-Elmer Corporation, 1979, 226
77 Wallin M, Karlsson C J, Skoglundh M, et al. Selective Catalytic Reduction of NO_x with NH_3 over Zeolite H-ZSM-5: Influence of Transient Ammonia Supply. Journal of Catalysis. 2003, 218: 354～364
78 Xu L F, McCabe R W, Hammerle R H. 2002. NO_x Self-inhibition in Selective Catalytic Reduction with Urea (ammonia) over a Cu-zeolite Catalyst in Diesel Exhaust. Applied Catalysis B: Environmental. 2002, 39: 51～63
79 Yoshikawa M, Yasutake A, Mochida I. Low Temperature Selective Catalytic Reduction of NO_x by Metal Oxides Supported on Active Carbon Fibers. Applied Catalysis A: General, 1998, 173: 239～245
80 傅军,肖博文,涂晋林. NO_x、SO_2 液相反应研究进展——一种同时脱硫脱氮的新思路. 化工进展. 1999, 1: 26～28
81 郝吉明,马广大. 大气污染控制工程. 北京: 高等教育出版社, 2002
82 郝吉明,谢绍东,段雷等. 酸沉降临界负荷及其应用. 北京: 中国环境科学出版社, 2001
83 黄峰,王艳芬. 流变相——前驱物法制备纳米 Co_3O_4. 武汉科技大学学报(自然科学版), 2003, 26(1): 21～23
84 黄张根,朱珍平,刘振宇. 水对 V_2O_5/AC 催化剂低温还原 NO 的影响. 催化学报, 2001, 22(6): 532～536
85 贾双燕,路涛,李晓芸等. 选择性催化还原烟气脱硝技术及其在我国的应用研究. 电力环境保护, 2004, 20: 19～21
86 李达志,许建成. 含 NO_x 尾气氨还原净化技术. 河北化工, 1998, 1: 47～48
87 李良超,郝仕油,林秋月. 水杨酸锰的热分解机理及纳米氧化锰形貌. 中国有色金属学报, 2004, 14(12): 2114～2119
88 马双忱,赵毅. 联合脱除 SO_2 和 NO_x 的烟气治理技术. 华北电力大学学报, 2000, 27: 87～92
89 马双忱,赵毅,郑福玲等. 液相催化氧化脱除烟道气中 SO_2 和 NO_x 的研究. 中国环境科学, 2001, 21: 33～37
90 宁平,唐晓龙,易红宏. 变压吸附工艺的研究与进展. 云南化工, 2003, 30: 28～31
91 舒友琴,袁道强,童岩. 由室温固相反应路线制备的纳米 MnO_2 的 pH 响应. 郑州牧业工程高等专科学校学报, 2000, 20(2): 94～96
92 孙庆贺,陆永琪,傅立新等. 我国氮氧化物排放因子的修正和排放量计算:2000年. 环境污染治理技术与设备, 2004, 5: 90～94
93 唐爱东,黄可龙. Mn_3O_4 的溶剂热法制备及晶粒生长动力学研究. 无机化学学报, 2005, 25(6): 929～932
91 唐晓龙,郝吉明,徐文国等. 固定源低温选择性催化还原 NO_x 技术研究进展. 环境

科学学报，2005，25：1297～1305

95 田贺忠．中国氮氧化物排放现状、趋势及综合控制对策研究．清华大学工学博士论文，2003

96 田贺忠，郝吉明，陆永琪等．中国氮氧化物排放清单及分布特征．中国环境科学，2001，6：493～497

97 王海强，吴忠标．烟气氮氧化物脱除技术的特点分析．能源工程，2004，3：27～30

98 王进，余运波，解淑霞，贺泓．新型贵金属修饰的 Ag/Al_2O_3 催化剂选择性催化还原 NO_x 的催化性能及反应机理．催化学报，2004，25(10)：824～828

99 王俊杰，邱广明，孙喜平．燃煤电厂的脱硝技术研究．内蒙古石油化工，1999，25：55～58

100 王乐夫，徐建昌，谭新宇等．贫燃条件下低碳烃催化还原 NO_x 研究进展．天然气化工，1998，23：46～49

101 严艳丽，魏玺群．NO_x 的脱除及回收技术．低温与特气，2000，18:24～30

102 姚宇，郭占成，赵团．烟气脱硫脱硝技术的现状与发展．钢铁，2003，38：59～63

103 叶奕森等．硫氮氧化物的控制对策及治理技术．北京：中科环境科学出版社，1994

104 易红宏，宁平，陈亚雄．氮氧化物废气的治理技术．环境动态科学，1998，4：17～20

105 张惊涛，陈健，王宝林等．变压吸附法处理硝酸尾气的研究．化肥工业，1997，24：17～19

106 张强，许世森，王志强．选择性催化还原烟气脱硝技术进展及工程应用．热力发电，2004，4：1～7

107 张引枝，郑经堂，王茂章．多孔炭材料在催化领域中的应用．石油化工，1996，25(6)：438～447

108 张治安，杨邦朝，邓梅根，胡永达，汪斌华．超级电容器纳米氧化锰电极材料的合成与表征．化学学报，2004，62(17)：1617～1620

109 赵海红，谢国勇．燃煤烟气 SO_2/NO_x 污染控制技术．化学工业与工程技术，2004，25：26～30

110 周享春，李良超，郝仕油．水杨酸锰的流变相合成及其热分解机理．华中师范大学学报(自然科学版)，2004，38(4)：466～468